To: _____

From: _____

Together is Better
A Little Book of Inspiration

在一起,更好

中英對照

賽門・西奈克 Simon Sinek 著 ／ **伊森・阿爾德里奇** Ethan M. Aldridge 圖 ／ **吳家恆** 譯

給莎拉

就算是天涯海角,我也跟你去

推薦序──**圖文並茂的職場啟示錄**

《內在原力》系列作者、TMBA 共同創辦人／**愛瑞克**

　　此書以說故事的方式，提綱挈領點出了職場中至關重要的思維和心態，雖簡明扼要卻不流於俗套，讓我讀來深有共鳴。我試著在不「劇透」的前提下，以我的人生經歷，呼應此書中的幾個核心觀點。

　　在 2001 年下半年，也是我就讀台大商研所碩士班最後一年，找台大財金所的好友們共同創立了 TMBA 這個社團，並且合資成立了 TMBA 基金，一起為共同的願景（學習國際金融投資實務）而努力。畢業前夕，該基金結算雖小幅虧損千分之三（當時是在九一一事件後，全球股市波動非常劇烈），但沒有人抱怨，因為重點在那個學

習過程,讓每一位參與者的能力和見識都藉此提升。後來,我們不少人畢業後到金融業工作,有好幾位都靠優異的投資理財能力,提早獲得財務自由。

作者提到:「願景就像是夢——要是我們不拿出實際的行動,它就會消失。」從我踏入職場自今二十多年來,見過太多抑鬱寡歡的上班族,他們曾經是懷有夢想的人,但終究卻活成了領薪水度日子的行屍走肉。人生最大的遺憾,是「我本來可以」。美國康乃爾大學教授問曾問過 1000 多位年長者,「當你回頭看,什麼事最讓你遺憾?」結果多數人都提到了因為擔心太多而錯過了機會,這也是許多上班族不快樂的主因——他們對現況不滿意,卻沒有勇氣採取行動去改變。

作者提到:「當我們大聲說出不懂的地方,別人幫助我們的機會也就增加了。」當我站出來號召大家共同創立 TMBA 的時候,我並不是誇耀自己的投資能力,而是指出在同學之間就有很厲害的人可以幫

助我們，只要合資成立一個基金交給他們來操盤，我們就可以從這個過程一同學習。後來，共找到五位優秀的基金經理人，這些人在金融業也成了叱吒風雲的人物。這也呼應了作者所說：「領導者真正的價值，不是由他們做的工作來衡量，而是由他們啟發別人去做的工作來衡量。」

當然，真正的成功，也並非實現目標而已。作者提醒：「我們最大的考驗，可能不是來自我們走向成功的路徑。我們最大的考驗在於，當我們成功了之後，我們要拿它怎麼辦。」有些人在職場上順利攀爬到理想的位階，然而卻悄悄地成為了另一位大家討厭的上司或管理者。懷著錯誤心態的主管，不僅殘害了部屬對工作的熱情、瓦解了信任，更導致組織走向明爭暗鬥的潰敗之路。這很值得我們深思與警惕。

此書還有兩大亮點值得一看。其一是在繪圖方面，不僅僅是輔助文字而已，有幾處更是展現出沒有出現在文字中的意象，讓我會心一

笑。例如面對同樣一件事物，過去我們很弱小的時候來看是凶神惡煞；等我們成長茁壯之後來看，只不過是狗吠一聲而已。另一大亮點在此書最後「再多談一點」──豈止一點，作者談了很多點，讓原本的思考更加立體展開，我認為這些延伸的補充與討論，必能引發不少職場工作者的深思與迴響。

　　這是一本圖文並茂的職場啟示錄，推薦給每一位主管和部屬們一起共讀。

目　錄

哈囉 1

從這裡開始 5

獨行，還是一起走？ 23

找到願景 35

堅持下去 51

誘惑 75

回報 83

成為一個你希望追隨的領導者 107

再多談一點 117

Together is Better
A Little Book of Inspiration

在一起，更好

哈囉
Hello

受到啟發的感覺真好！尤其是來自於所做的工作，那種感覺更神奇。

我想像了一幅景象，這個想法的核心是：打造一個夢土，讓我們絕大多數人每天早晨醒來，迫不及待，想去上班；在辦公室可以安心工作；一日將盡，帶著滿滿的收穫回家。

這樣的世界不容易打造，也不是一兩年就可以有成果。但如果我們齊心協力，每個人都盡力，為實現這個願景作出貢獻，我們就有可能實現這個想像的世界。

我希望在這本書裡能進行這樣一趟旅程。

這個故事講的是三個朋友，住在一個還不錯的地方——其實也算不上很好的地方，就只是還不錯而已。雖然他們在操場也有玩得很高興的時候，但他們就跟所有的孩子一樣，都活在「操場老大」的陰影下。「老大」最關心的是自己，還有他自己的地位，用恐懼來建立威望。結果，別的孩子都乖乖守規矩，怕自己被盯上。

這個故事是個隱喻。

操場代表我們服務的組織，尤其是那些環境不健康的組織。操場老大代表主管或公司——他們似乎更關心數字，而不關心人，他們用恐嚇來領導，或是不知道要如何創造一個我們每天都想來的地方（或許他們根本不在乎這件事）。操場政治是辦公室政治，我們有許多人每天都在裡頭打滾。我們去了一個八卦、推卸責任和自私

自利當道的地方，願景、信任與合作被晾在一邊。

而我們大多數人都默默忍受，就跟操場上的小孩一樣。如果有人問我們，喜歡現在的工作嗎？還不錯，每天都一樣。不是特別好──就只是還不錯。

我們當中有些人想辭職，或是找到更好的工作。有些人忍下來，給一個很正當的理由「我們得養家糊口」。問題是：我們可以改變自己的命運嗎？

這三個朋友是我們的主角，代表了我們的原型。他們代表了我們在職場的不同階段。他們想要離開操場，就像我們夢想著找到不同或更好的地方工作。就算我們為了找更好的工作而辭職，但問題是：我們要去哪裡？我們要怎麼去？

Start Here

We open on an average day. Our three heroes are going about their business. Just like every other day. Until something happens. Something that had never happened before.

On any other day, if the king of the playground had words to say to anyone, the other kids would keep a safe distance. But not today. Today, someone stands up to the king. That one decision will bring three friends together to consider what it means to do something on purpose. To do something with purpose.

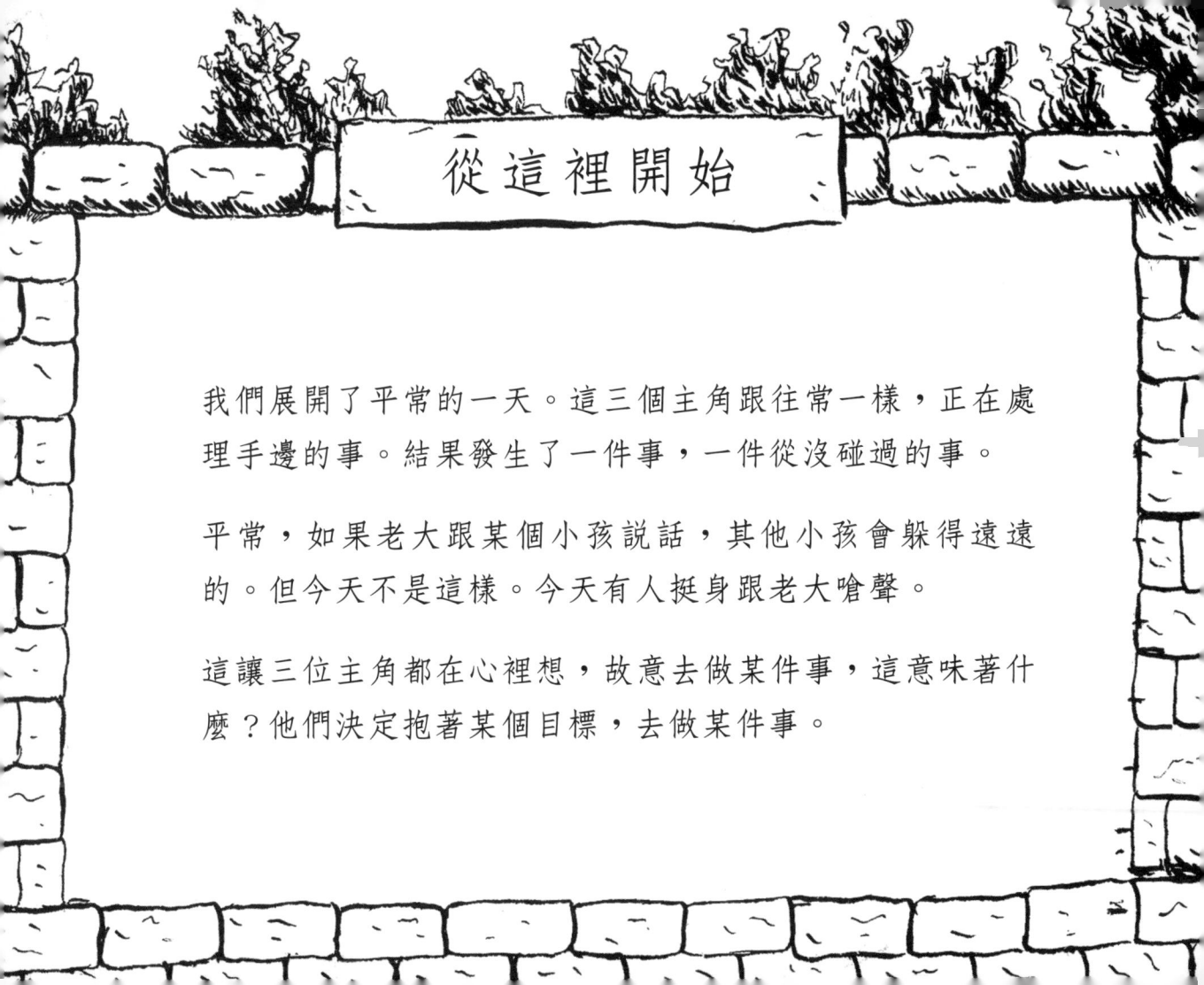

從這裡開始

我們展開了平常的一天。這三個主角跟往常一樣,正在處理手邊的事。結果發生了一件事,一件從沒碰過的事。

平常,如果老大跟某個小孩說話,其他小孩會躲得遠遠的。但今天不是這樣。今天有人挺身跟老大嗆聲。

這讓三位主角都在心裡想,故意去做某件事,這意味著什麼?他們決定抱著某個目標,去做某件事。

大多數人都過著因緣湊巧的人生
——事情怎麼發展,我們就怎麼過。

Most of us live our lives by accident—we live as it happens.

人生想要有所實現,就要過得有目標。

Fulfillment comes when we live our lives on purpose.

如果你說,你做的是一個「並不想一直做下去的工作」,
那你為什麼現在還在做呢?

If you say your job is something you "don't plan on doing forever,"
then why are you doing it now?

領導不是大權在握。領導是在照顧那些把自己託付給你的人。

Leadership is not about being in charge. Leadership is about taking care of those in your charge.

「要避免批評,只有一個辦法:
什麼都不做,什麼都不說;但也就什麼都不是了。」

——亞里斯多德

" There's only one way to avoid criticism:
do nothing, say nothing, and be nothing."

——Aristotle

領導不是高高在上，等人侍候。
領導是為人服務。

Leadership is not a rank or
position to be attained.
Leadership is a service to be given.

不好的領導者，讓我們覺得是在為公司工作。
好的領導者，讓我們覺得是在為彼此工作。

Under poor leaders we feel like we work for the company.
With good leaders we feel like we work for each other.

當我們知道自己在反抗什麼的時候，
甚至可以展開一場革命。
但如果想要持續創造改變，就得清楚自己為了什麼在奮鬥。

We can start a revolution when we know
what we stand against. To create change that lasts,
we need to know what we stand for.

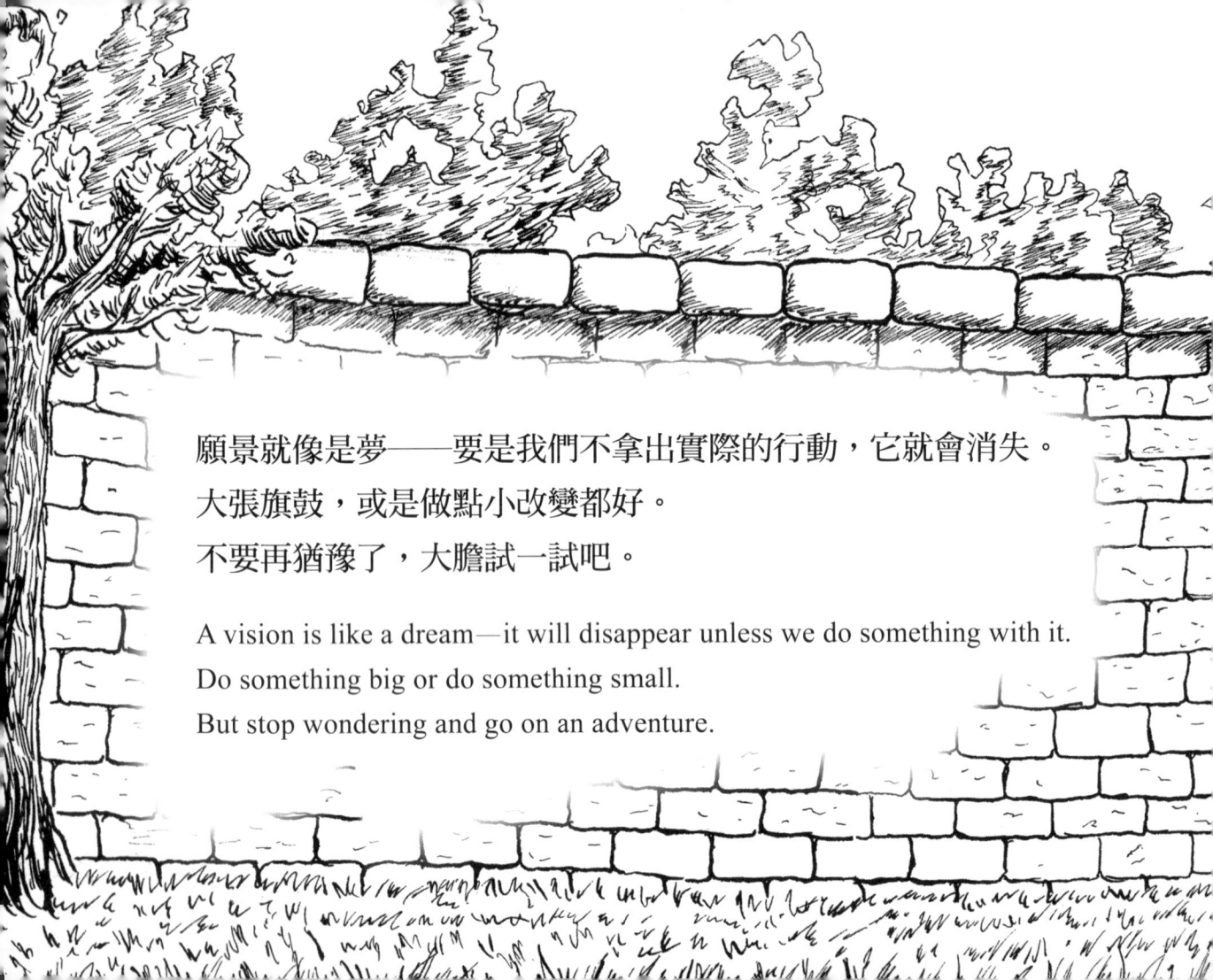

願景就像是夢──要是我們不拿出實際的行動，它就會消失。

大張旗鼓，或是做點小改變都好。

不要再猶豫了，大膽試一試吧。

A vision is like a dream—it will disappear unless we do something with it.
Do something big or do something small.
But stop wondering and go on an adventure.

這個想法太讚了!
不要再光說不練,去做吧。

That idea is so fantastic.
Stop talking about it and do it.

想法可以天馬行空。
但是行動才會造成影響。

Genius is in the idea.
Impact comes from action.

Pick One: Go Alone or Go Together

It's all fine and good to imagine what life would be like somewhere else. It takes some courage to leave and go somewhere new. To head out to the great unknown. But what happens if upon taking the first step, something goes wrong? Maybe it was a bad idea to leave in the first place? Maybe it's best to turn back and stay put? After all, the devil you know is better than the devil you don't.

Or maybe, if you have the right people with you, they will give you the courage to keep going.

你要哪一個：
獨行，還是一起走？

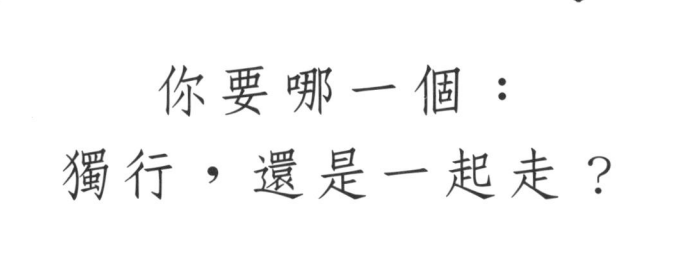

去想像在別的地方生活，是滿好的一件事。離開這裡，到新的地方去，這需要勇氣。向著未知前進。但如果跨出第一步就出了差錯，那要怎麼辦呢？或許，離開根本就是個餿主意？或許最好還是回頭，留在原地？畢竟，認識的魔鬼比不認識的魔鬼好對付。

如果你有合適的人跟你在一起，他們會給你繼續走下去的勇氣。

我們什麼時候開始,這並不重要。
我們從哪裡開始,這也不重要。
重要的是,我們開始了。

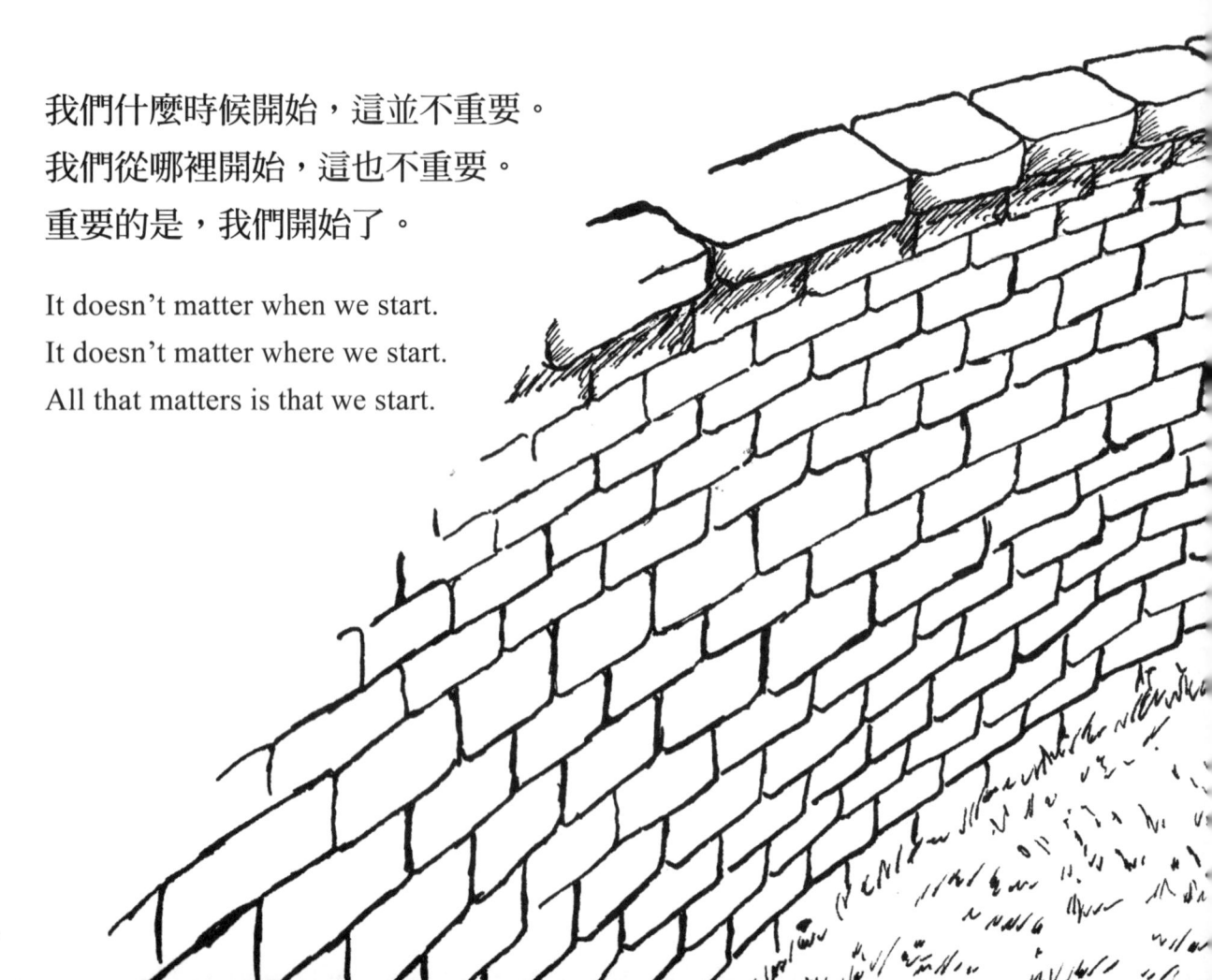

It doesn't matter when we start.
It doesn't matter where we start.
All that matters is that we start.

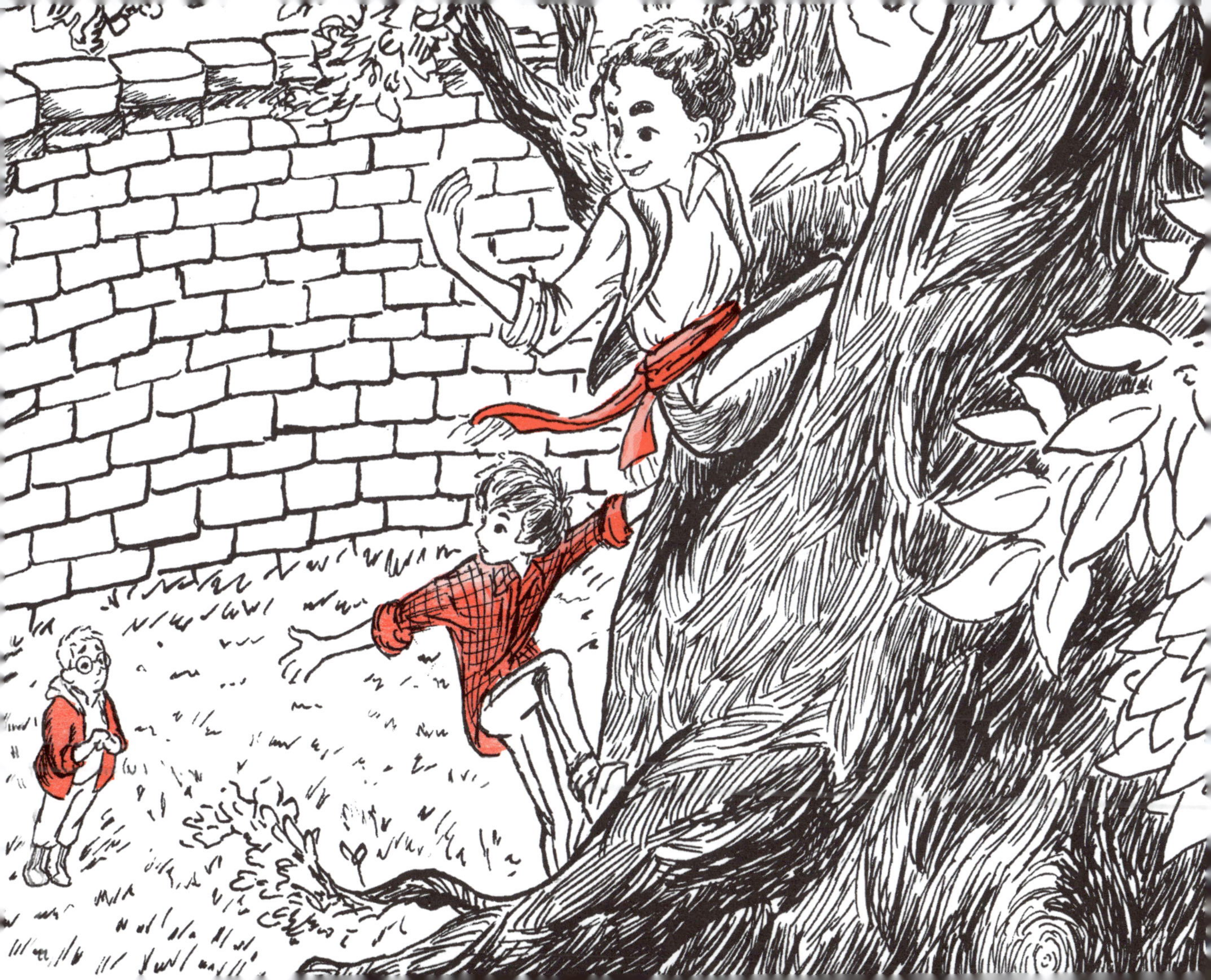

如果沒有決心的話,光是熱血又有什麼用呢?
醒來吧,啜飲熱情,點燃它,開始行動!

What good is having a belly if there's no fire in it?
Wake up, drink your passion, light a match and get to work!

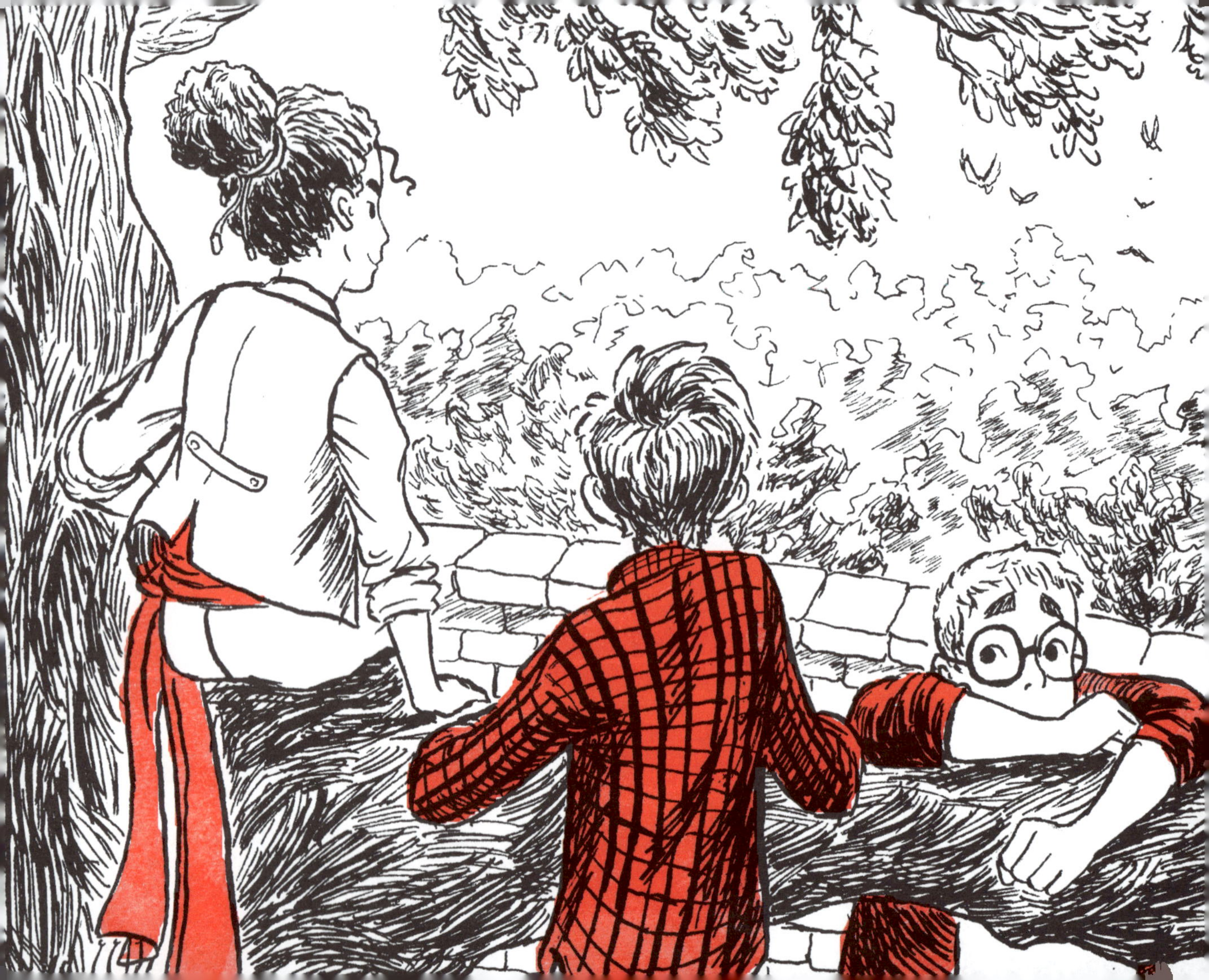

當我們追逐夢想，而不是爭權奪利的時候，我們的成就會更高。

We achieve more when we chase the dream instead of the competition.

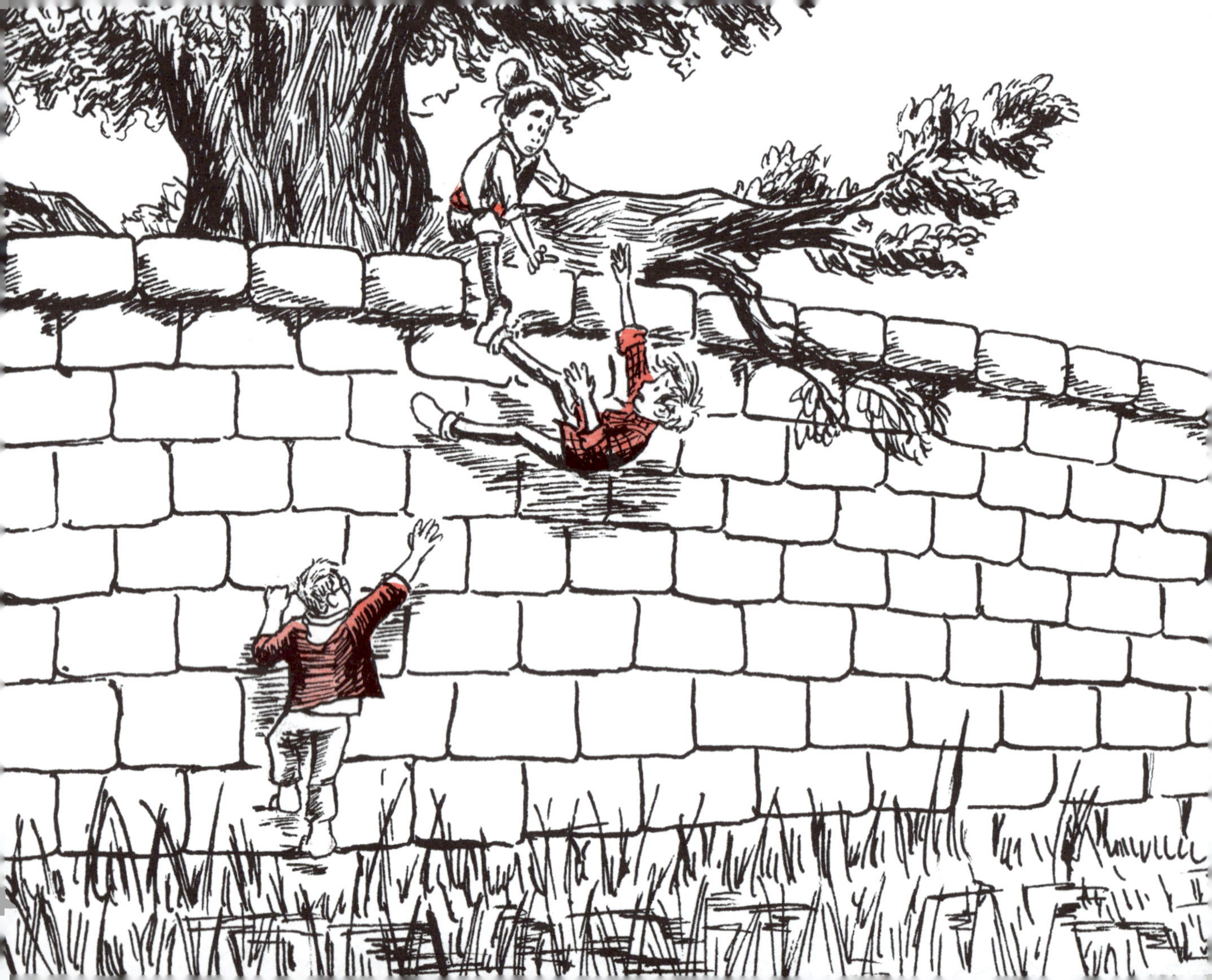

走在人行道上,在游泳池裡游泳,會是安全的。
如果我們要到別的地方,就一定會有風險。

Safe is good for sidewalks and swimming pools.
Life requires risk if we are to get anywhere.

領導者給我們機會去嘗試、去失敗，
然後再給我們機會去嘗試、去成功。

Leaders give us the chance to try and fail,
then give us another chance to try and succeed.

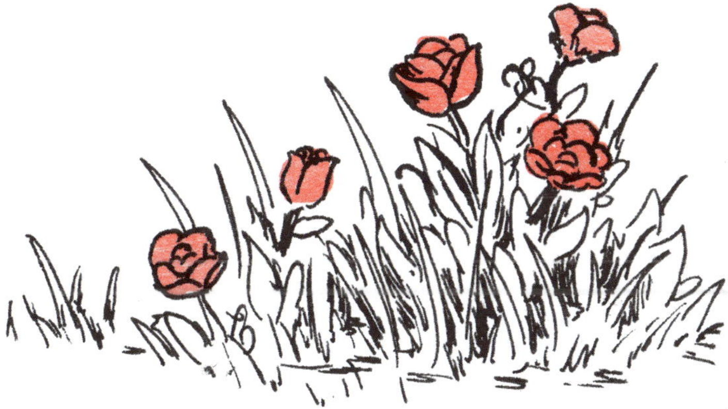

Find a Vision

There are two ways to go on a journey — walk away from something or go towards something. But what if you don't know where to go? "Find a job you love," we're told. "Find your passion and do that," they say. All good advice and perfectly useless.

If we knew that, we wouldn't feel the way we do now. Plus, we can spend a lifetime trying to answer that question...

... or we can find someone who already has an answer, as our three friends will soon discover.

Discontent can easily drive us to walk away. But only with a clear vision, no matter from where or from whom it comes, can we find the inspiration to set ourselves on a journey to go towards something greater.

找到願景

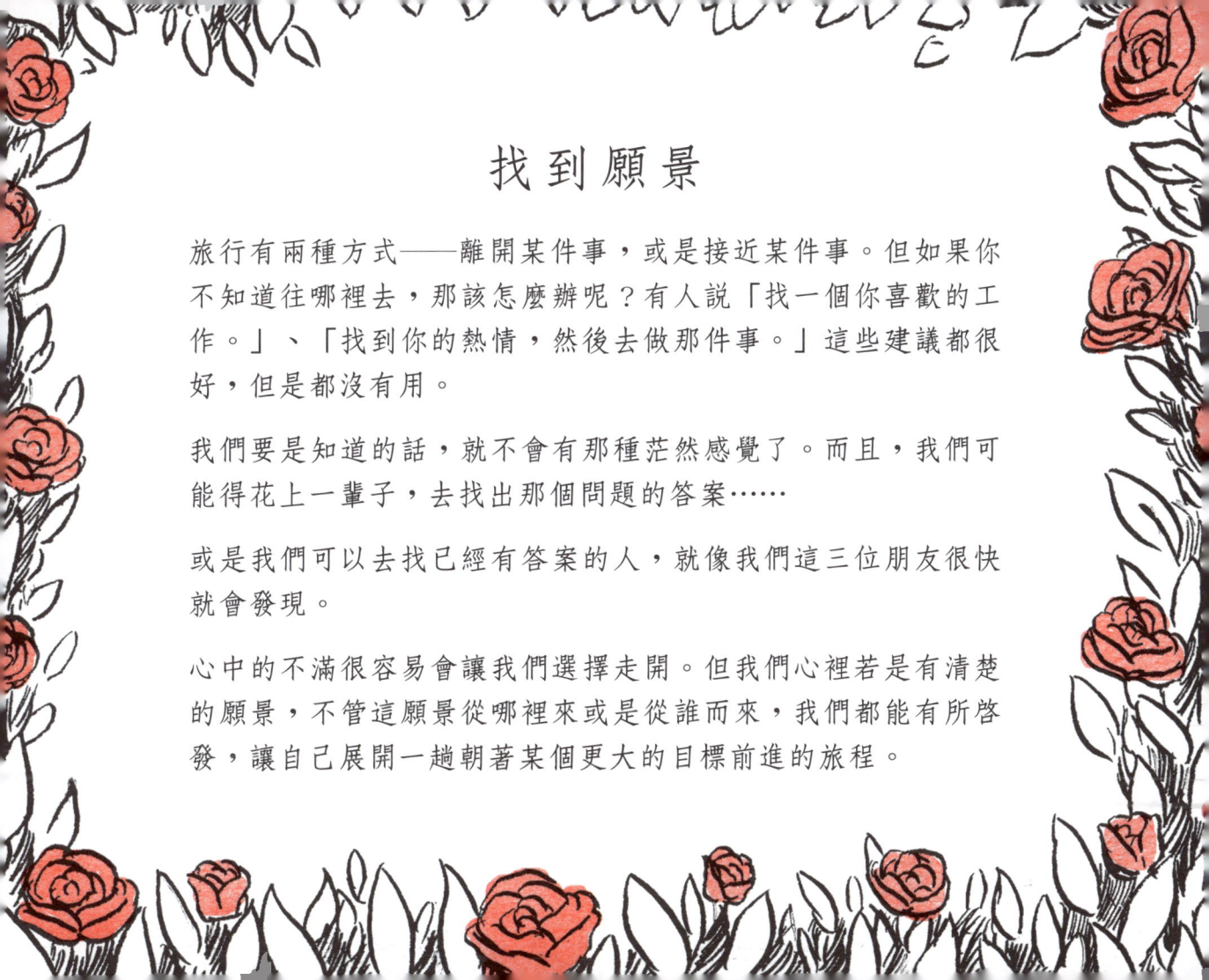

旅行有兩種方式——離開某件事,或是接近某件事。但如果你不知道往哪裡去,那該怎麼辦呢?有人說「找一個你喜歡的工作。」、「找到你的熱情,然後去做那件事。」這些建議都很好,但是都沒有用。

我們要是知道的話,就不會有那種茫然感覺了。而且,我們可能得花上一輩子,去找出那個問題的答案⋯⋯

或是我們可以去找已經有答案的人,就像我們這三位朋友很快就會發現。

心中的不滿很容易會讓我們選擇走開。但我們心裡若是有清楚的願景,不管這願景從哪裡來或是從誰而來,我們都能有所啟發,讓自己展開一趟朝著某個更大的目標前進的旅程。

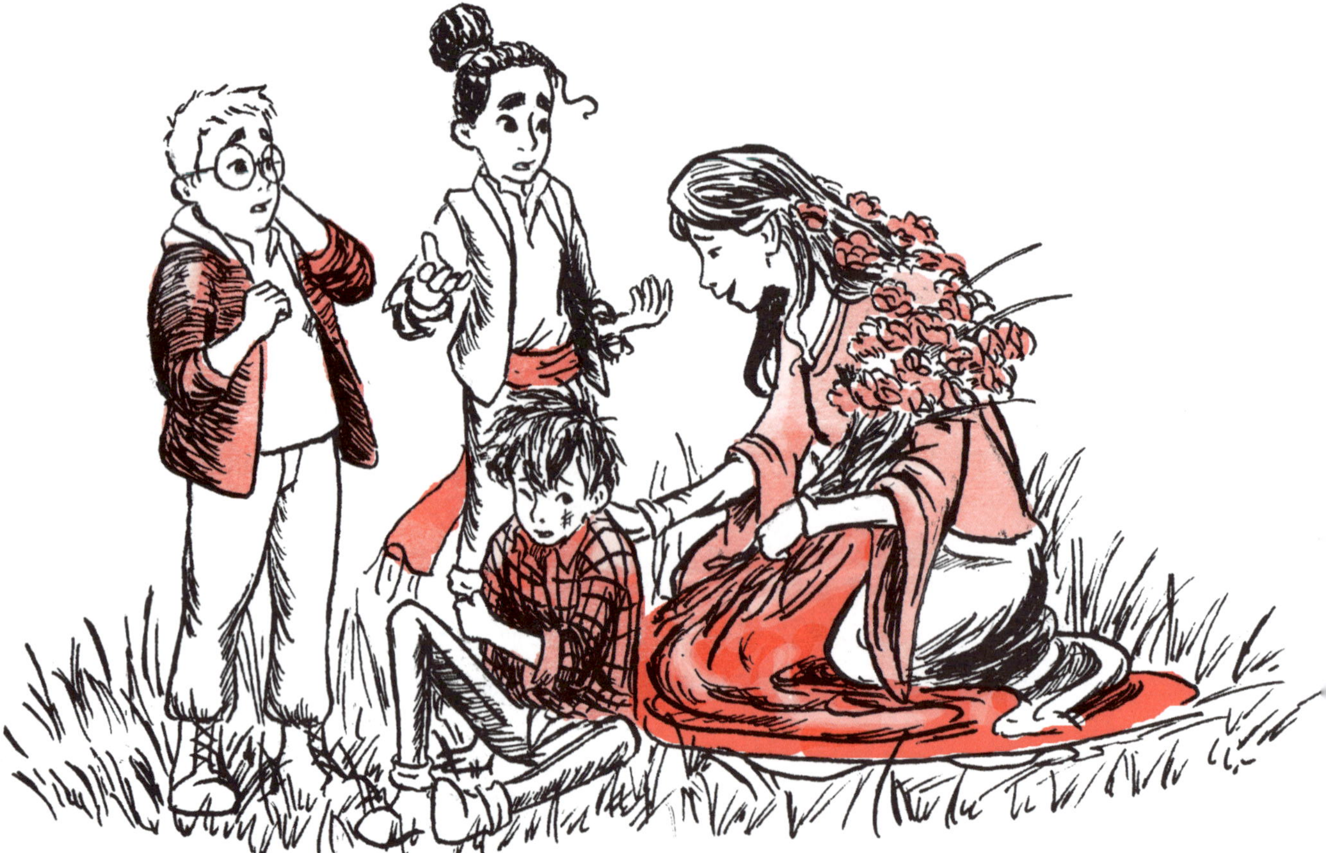

當我們大聲說出不懂的地方，
別人幫助我們的機會也就增加了。

When we say out loud what we don't know,
it increases the likelihood that someone who does know
will offer help.

真正的創新者，是那些夢想比現實更鮮明的人；即使現實告訴他們這太瘋狂了。

Innovators are the ones whose dreams are clearer than the reality that tells them they're crazy.

39

一個想法行不行得通，最好的辦法就是實際去做。

The best way to find out if it will work is to do it.

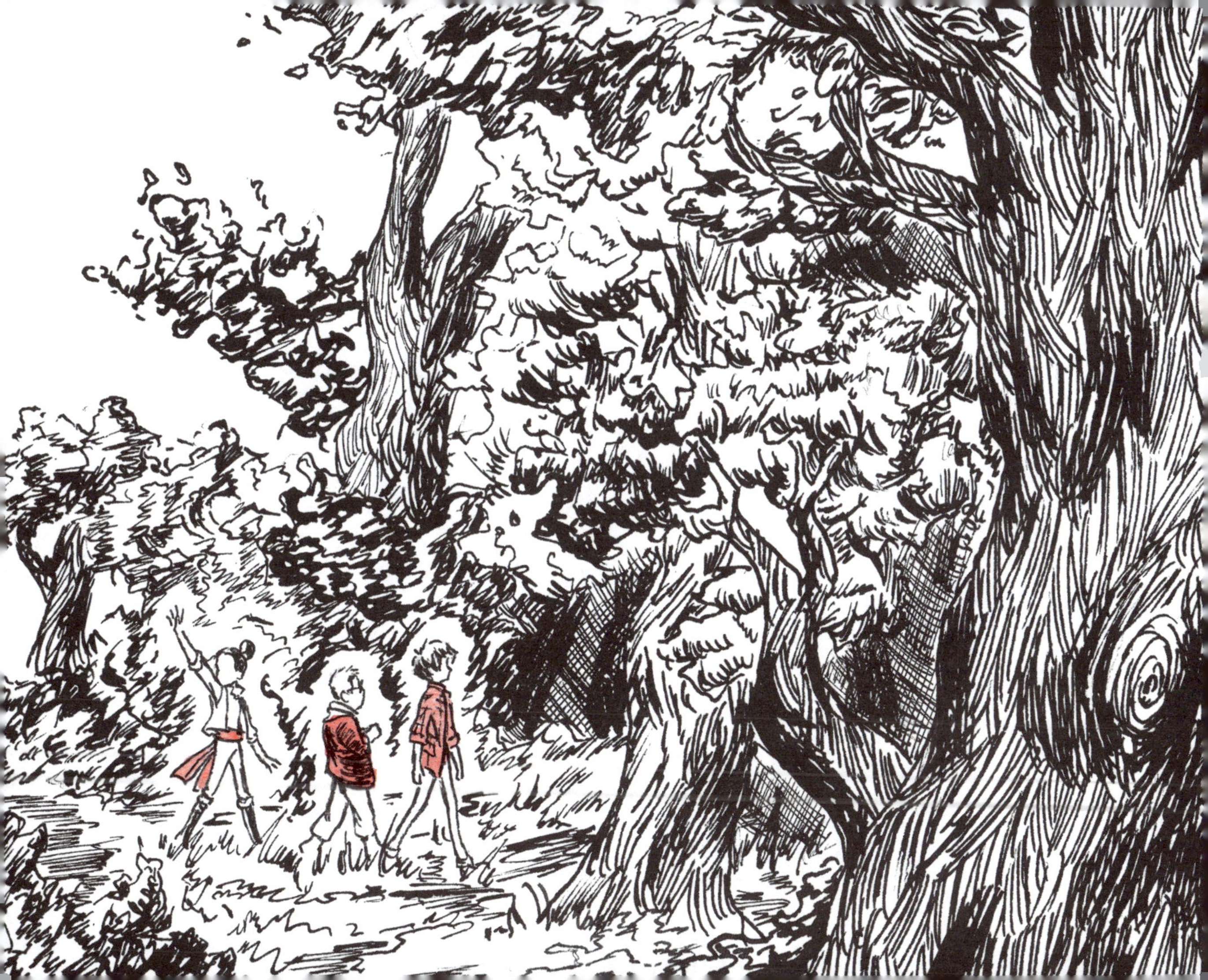

永遠要做好準備──
事情從來不會按照計畫發展。

Always plan for the fact that
no plan ever goes according to plan.

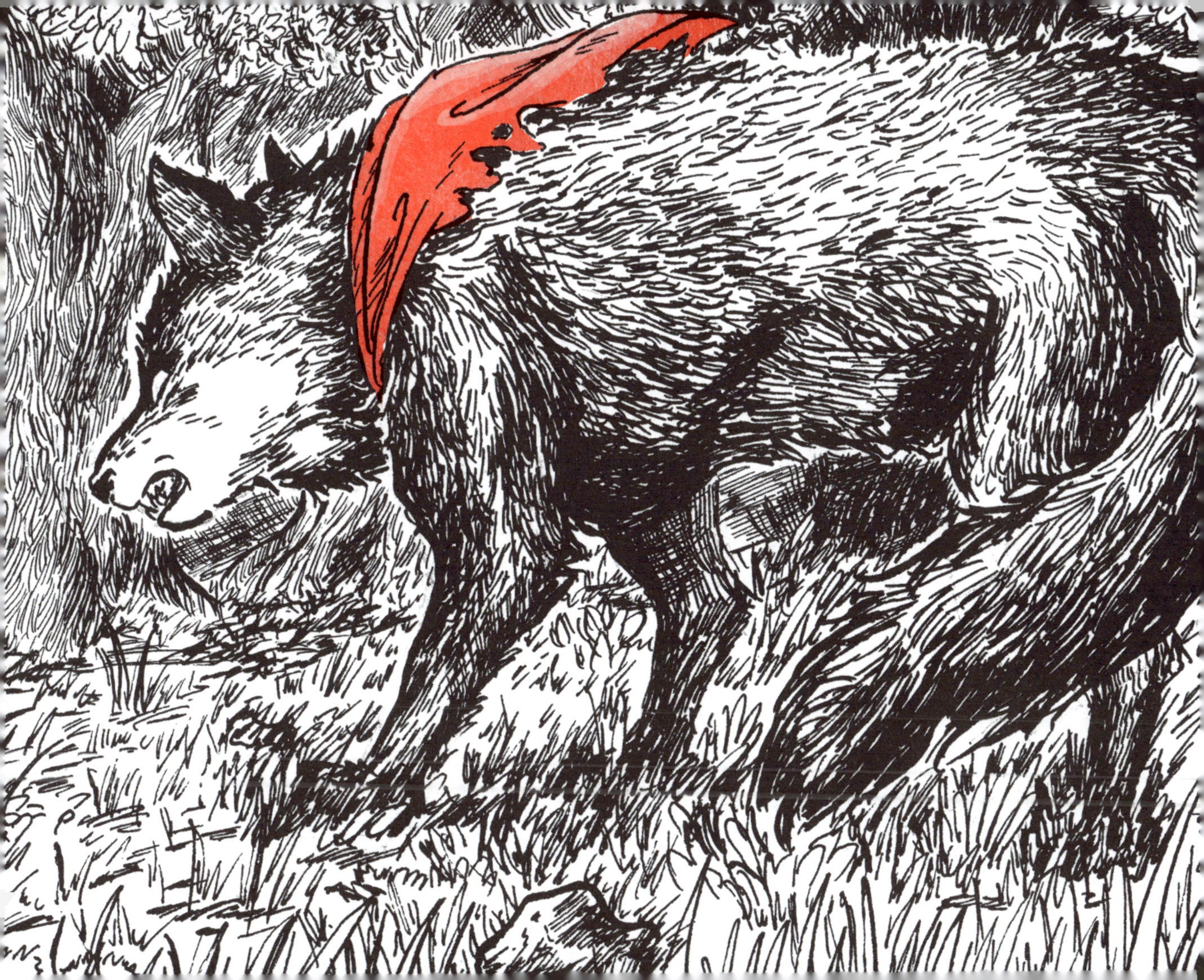

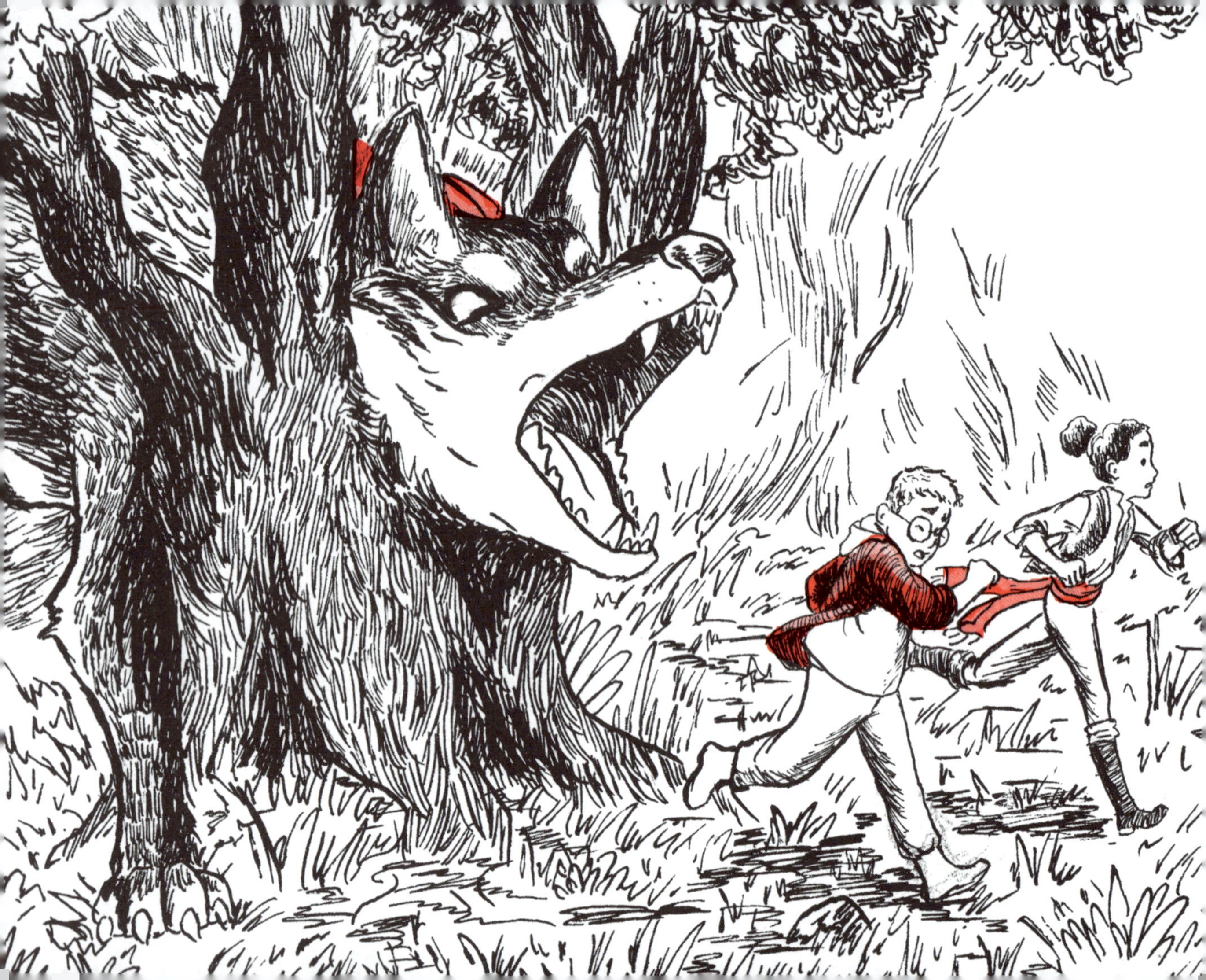

如果面臨的挑戰沒把我們嚇倒，
那它可能沒那麼重要。

If the challenge we face doesn't scare us,
then it's probably not that important.

如果我們接受不了別的想法，那我們聽到的就是批評。
如果我們虛心接受批評，我們得到的就是建議。

When we are closed to ideas, what we hear is criticism.
When we are open to criticism, what we get is advice.

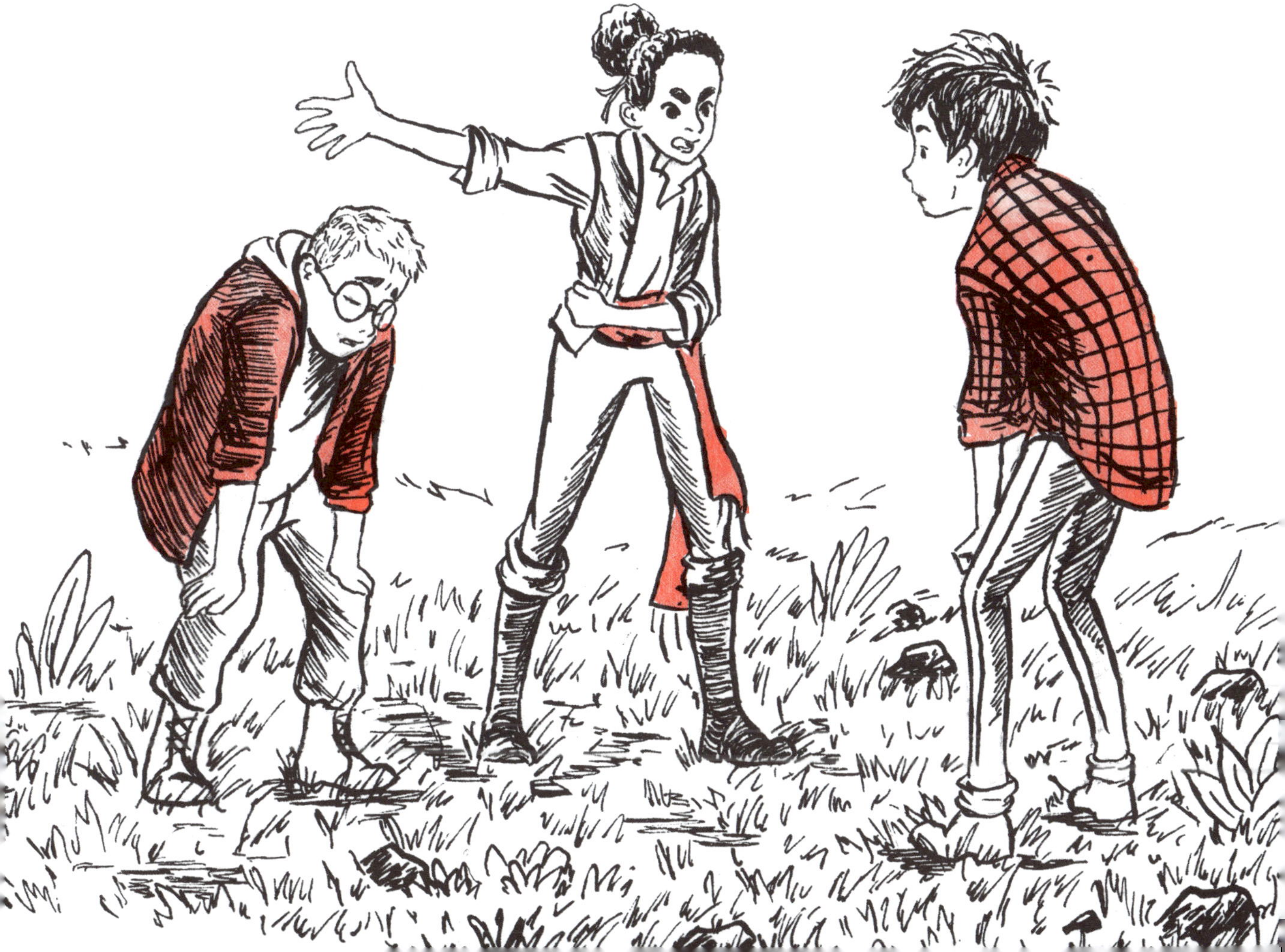

不好的領導者只關心誰是對的。
好的領導者關心什麼是對的。

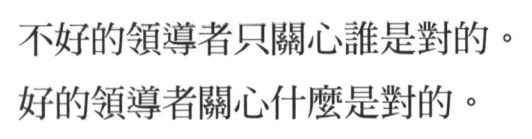

Bad leaders care about who's right.
Good leaders care about what's right.

不要抱怨,做出貢獻。

Don't complain, contribute.

Persevere

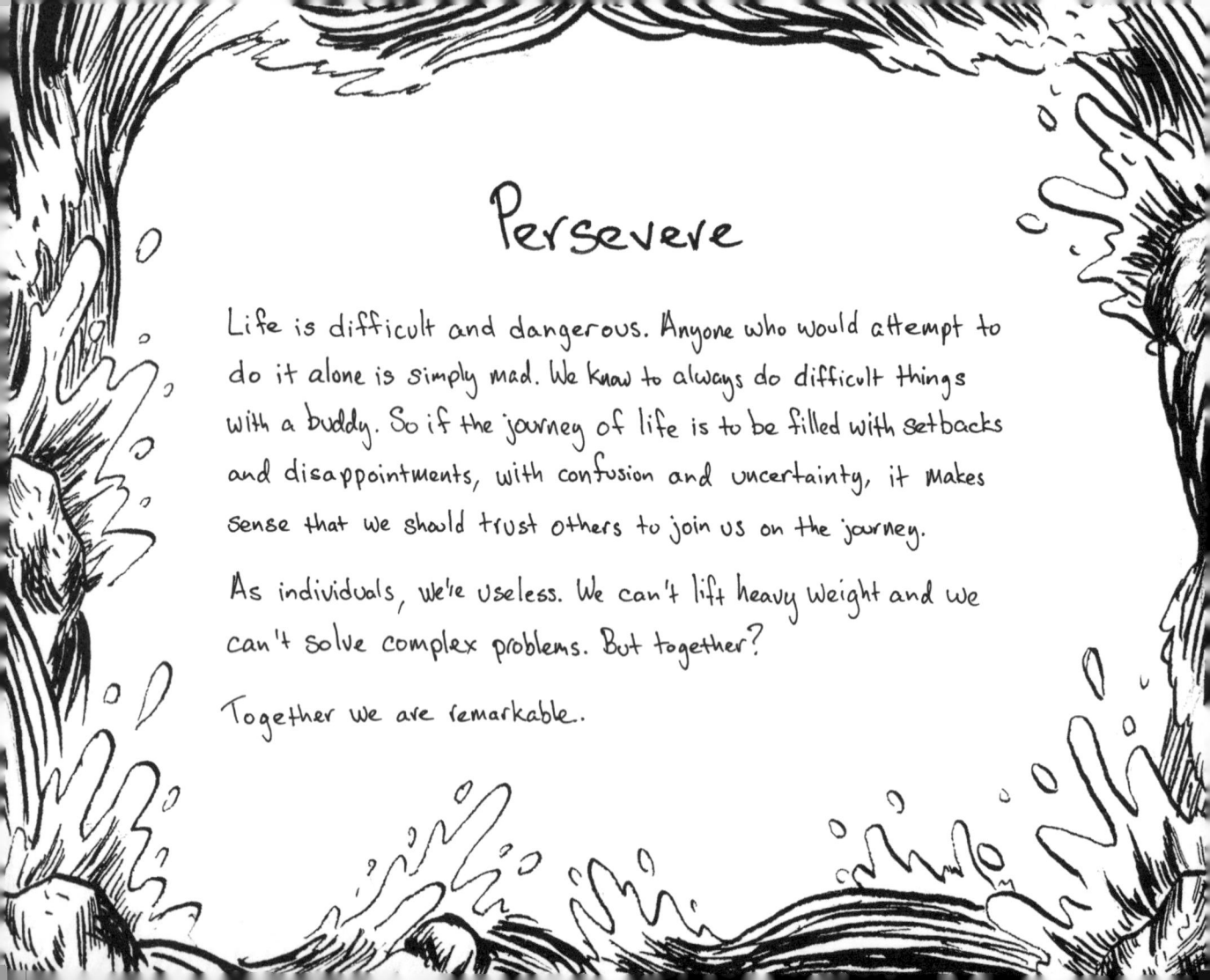

Life is difficult and dangerous. Anyone who would attempt to do it alone is simply mad. We know to always do difficult things with a buddy. So if the journey of life is to be filled with setbacks and disappointments, with confusion and uncertainty, it makes sense that we should trust others to join us on the journey.

As individuals, we're useless. We can't lift heavy weight and we can't solve complex problems. But together?

Together we are remarkable.

堅持下去

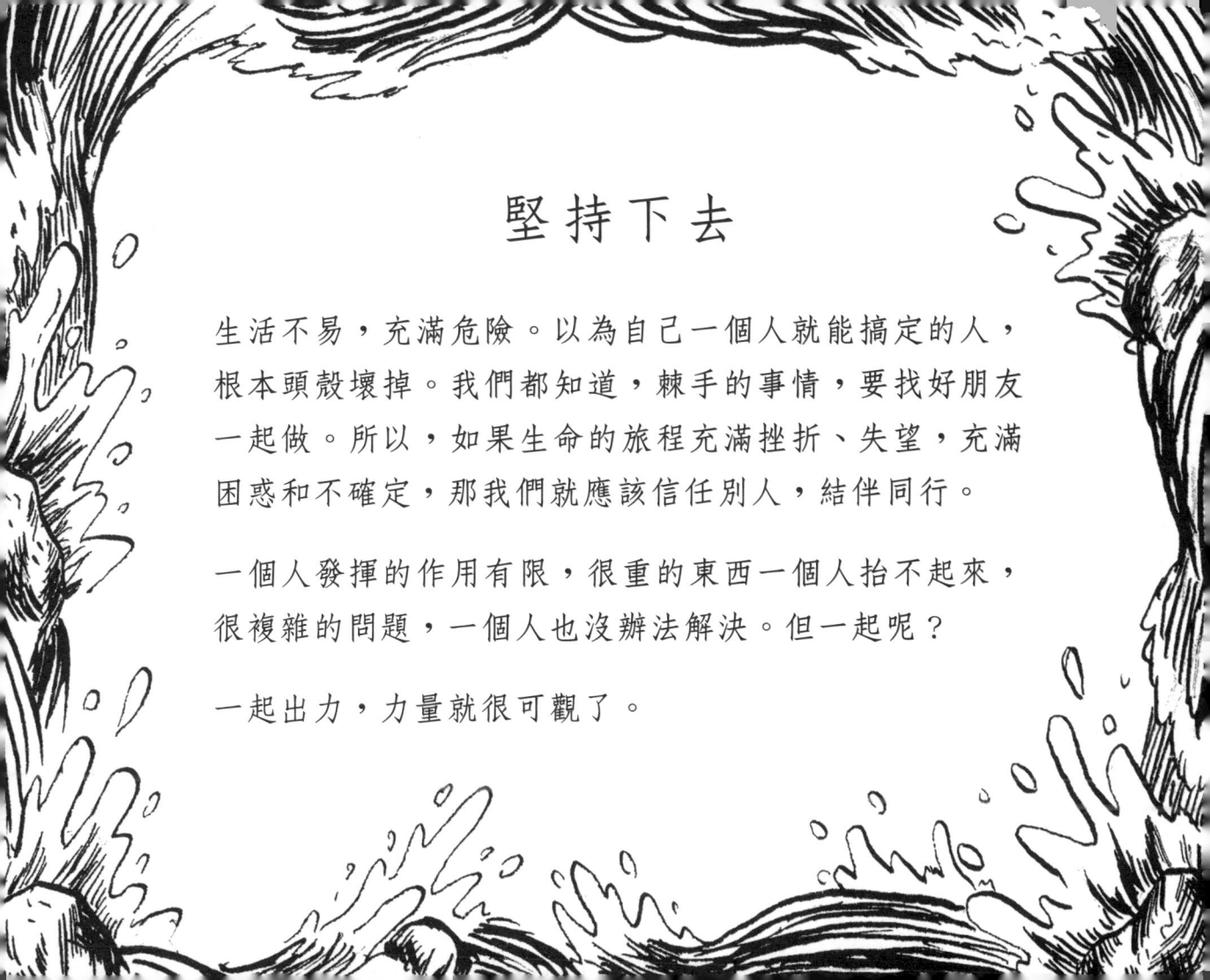

生活不易，充滿危險。以為自己一個人就能搞定的人，根本頭殼壞掉。我們都知道，棘手的事情，要找好朋友一起做。所以，如果生命的旅程充滿挫折、失望，充滿困惑和不確定，那我們就應該信任別人，結伴同行。

一個人發揮的作用有限，很重的東西一個人抬不起來，很複雜的問題，一個人也沒辦法解決。但一起呢？

一起出力，力量就很可觀了。

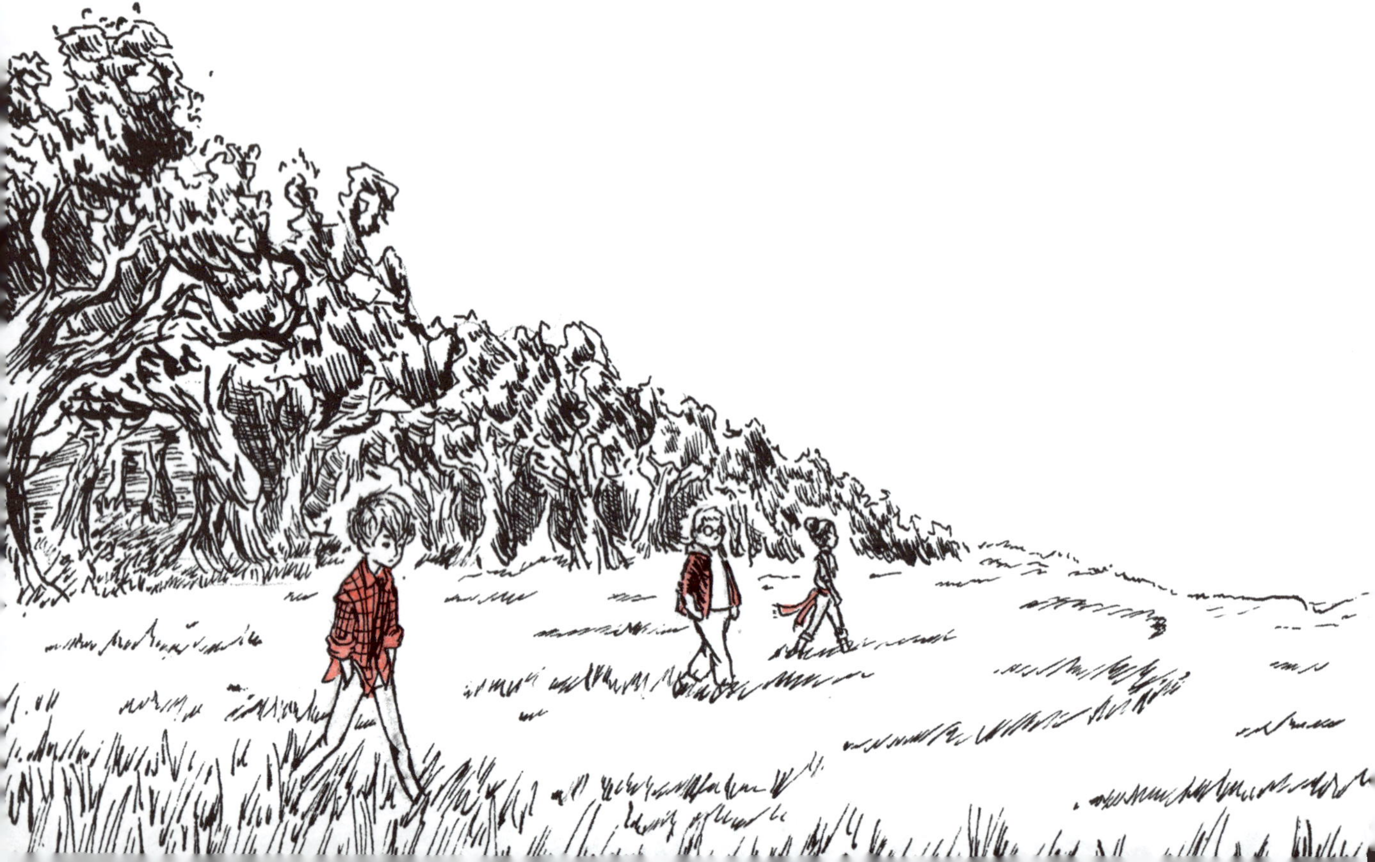

不好的團隊只是在同一個地方工作。
好的團隊則是一起工作。

Bad teams work in the same place.
Good teams work together.

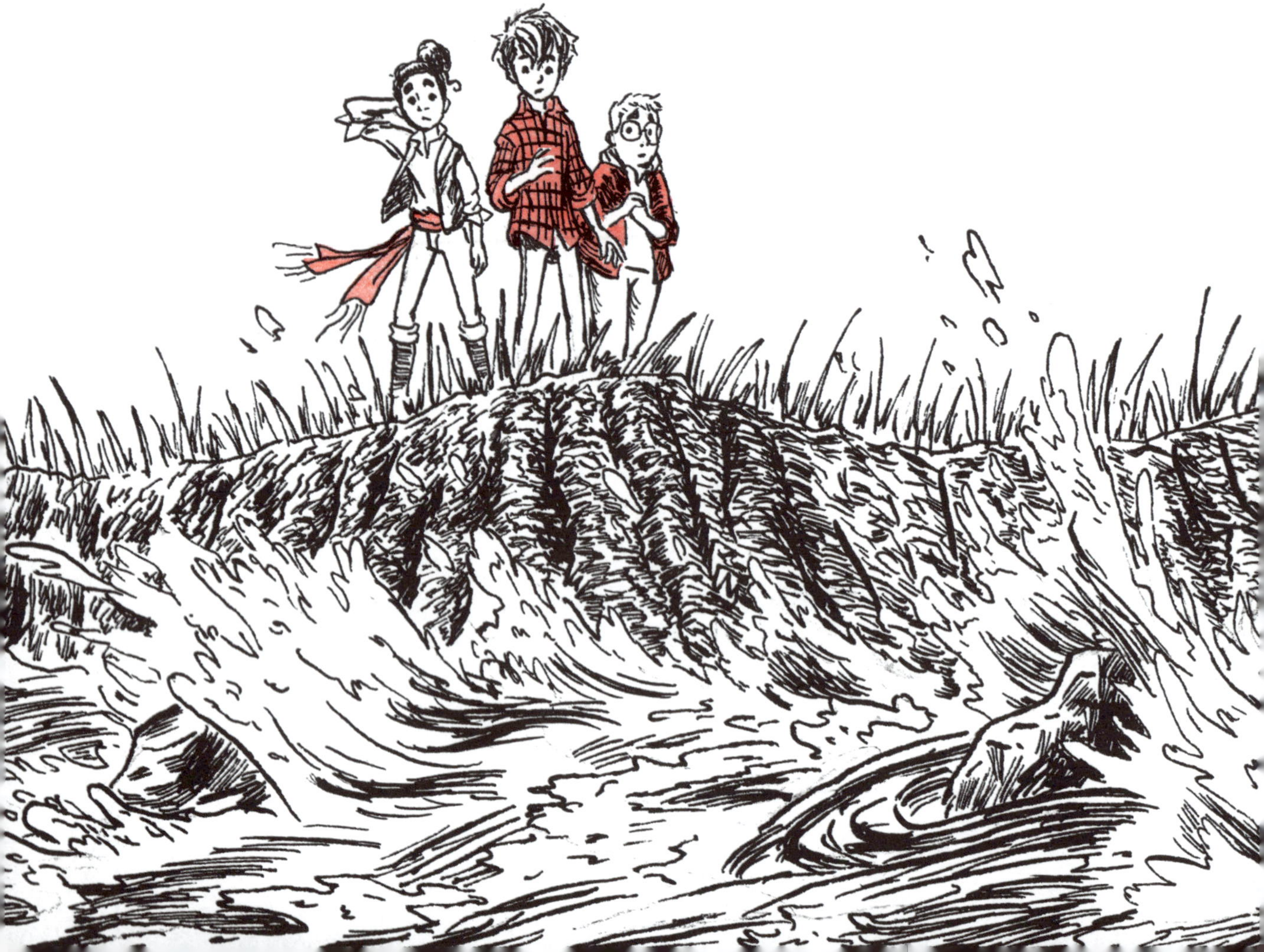

一群人能發揮多大的本事，
取決於這些人的團隊能力有多高。

The ability of a group of people to do remarkable things hinges on how well those people can pull together as a team.

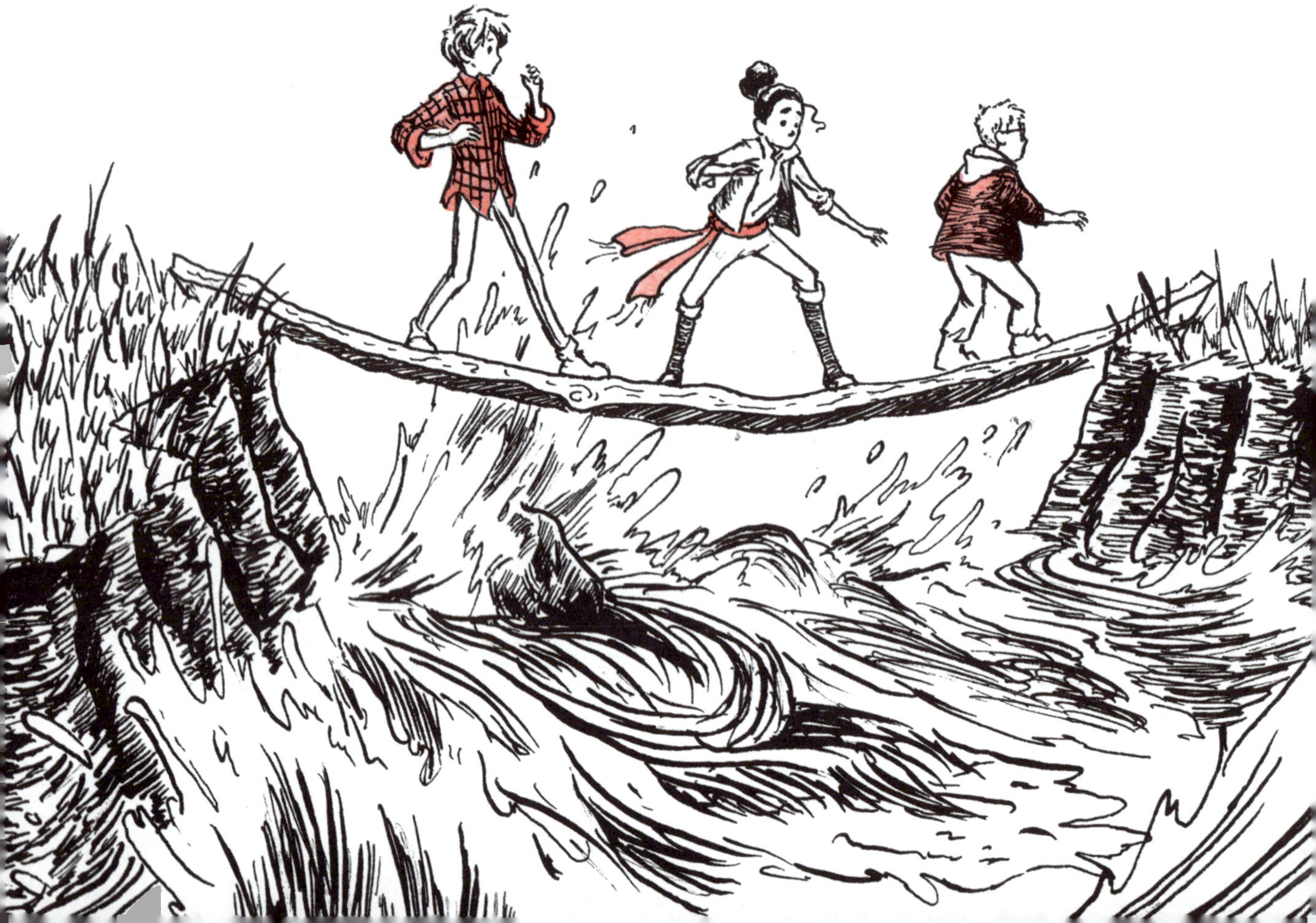

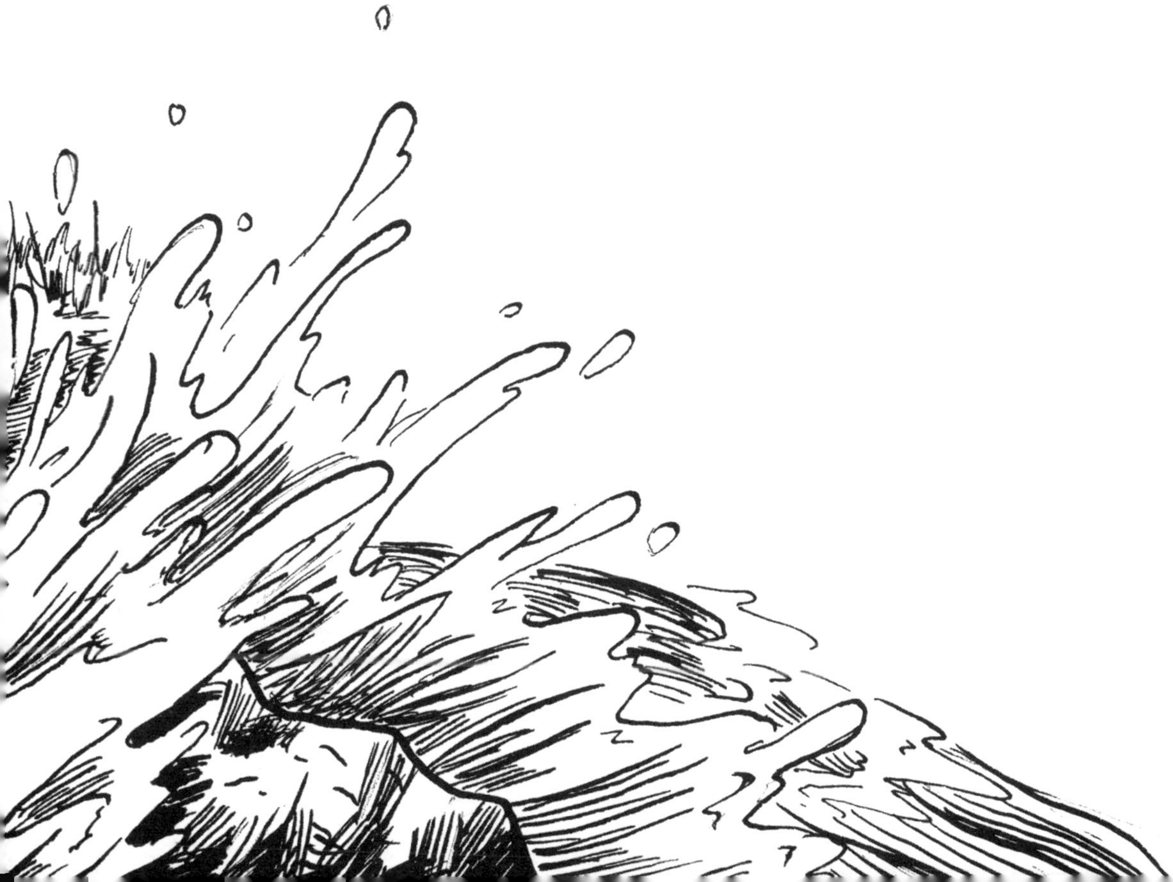

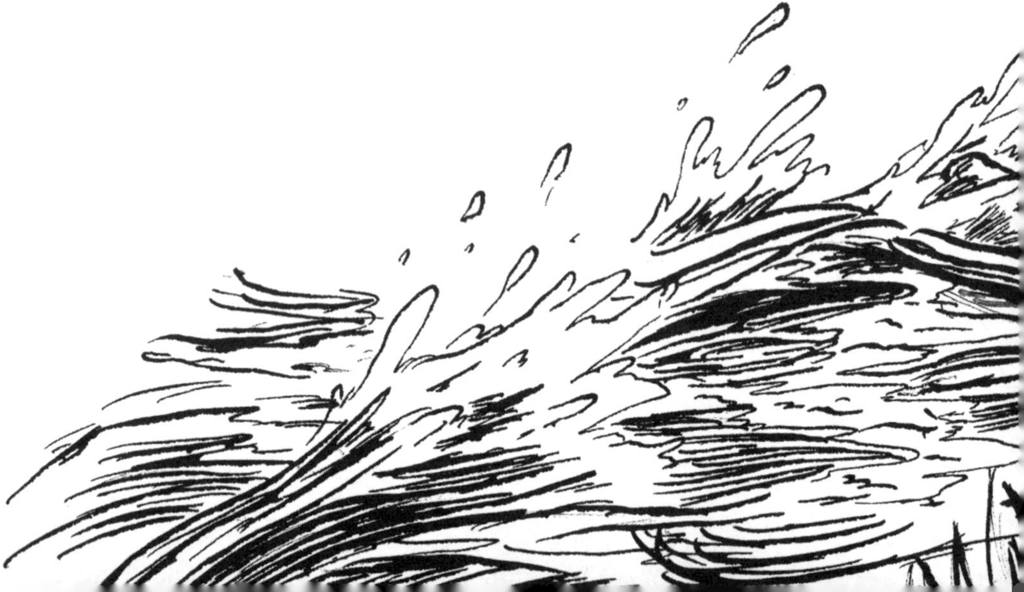

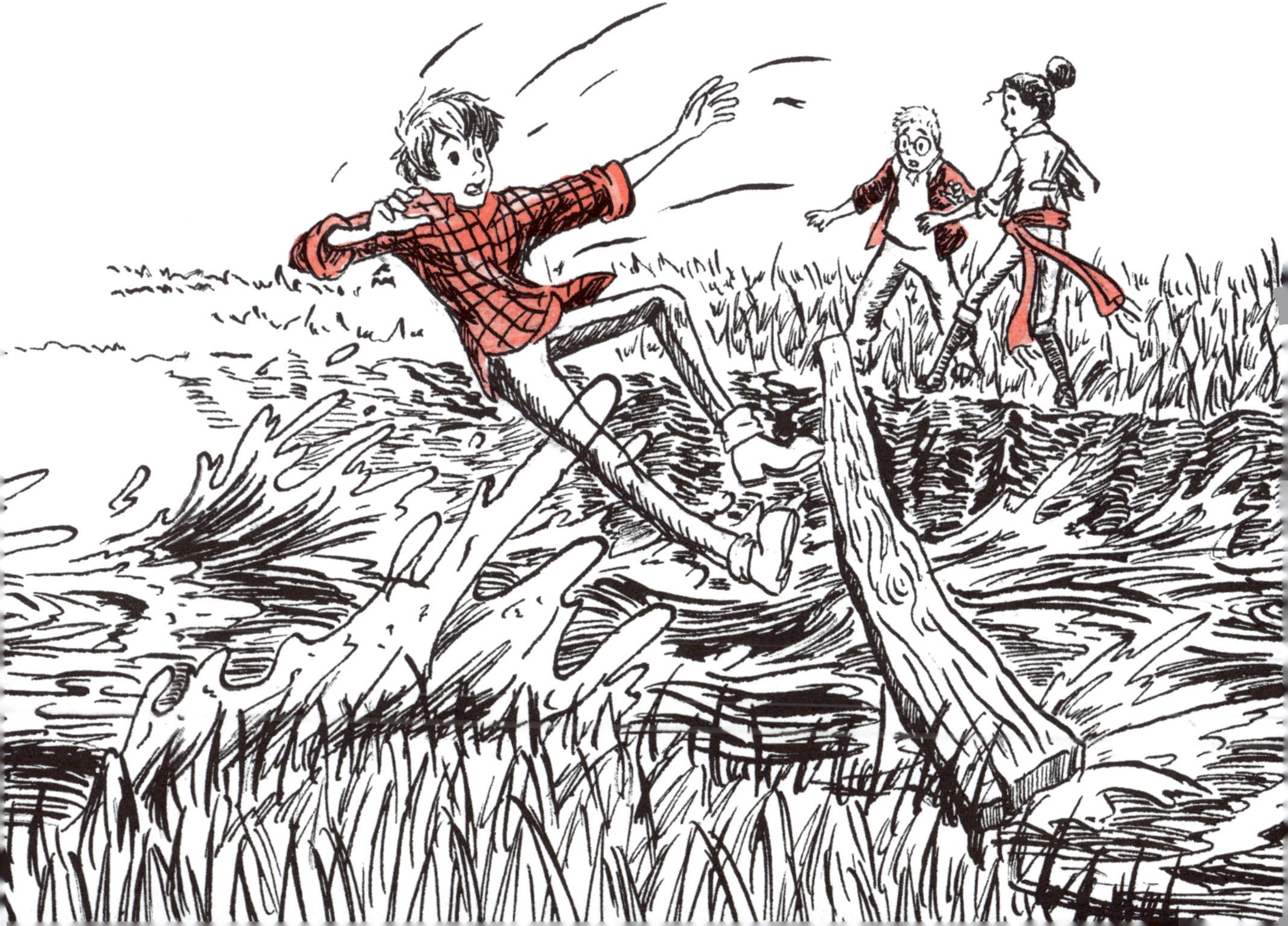

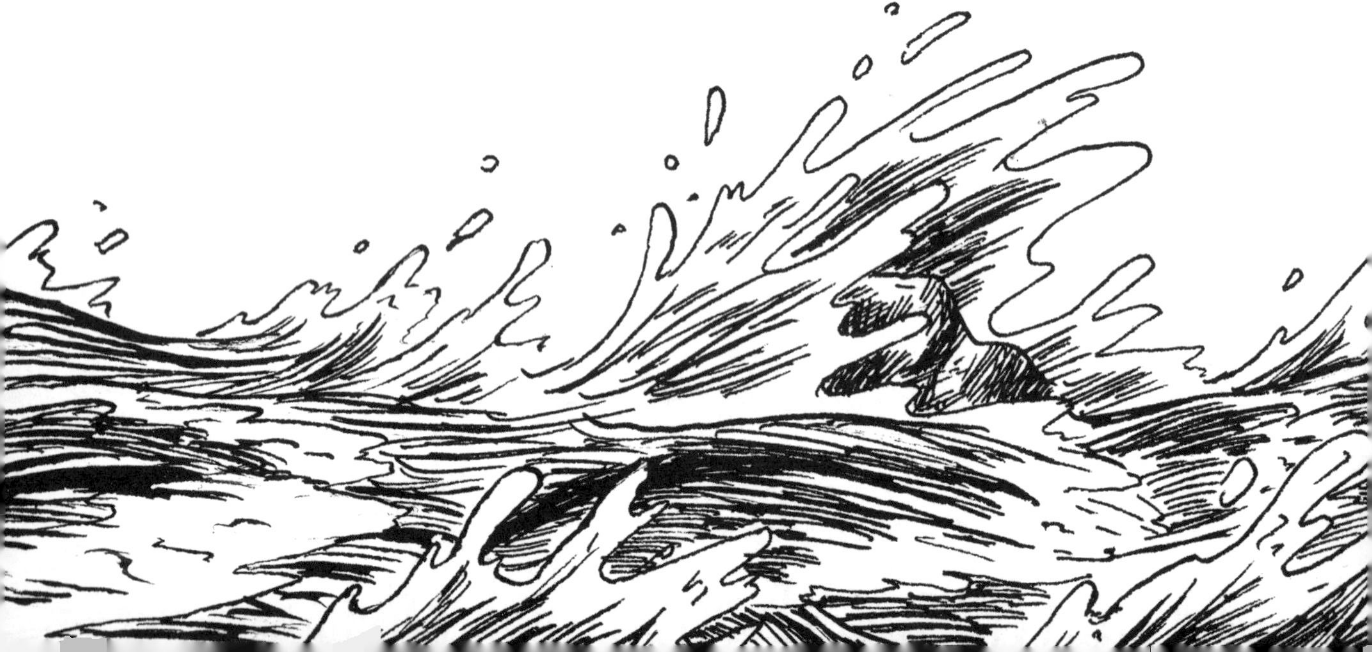

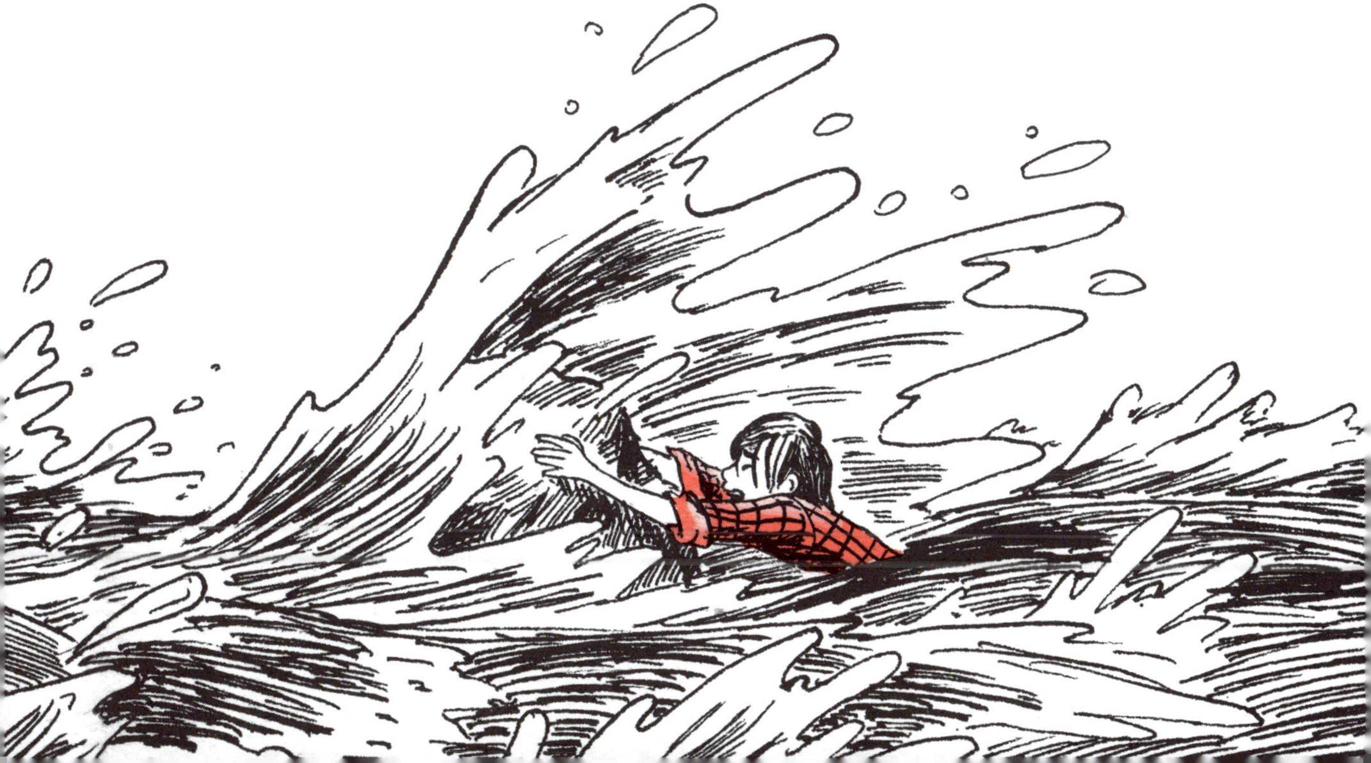

你一個人做不來的。別假裝你可以。

You can't do it alone. So don't pretend you can.

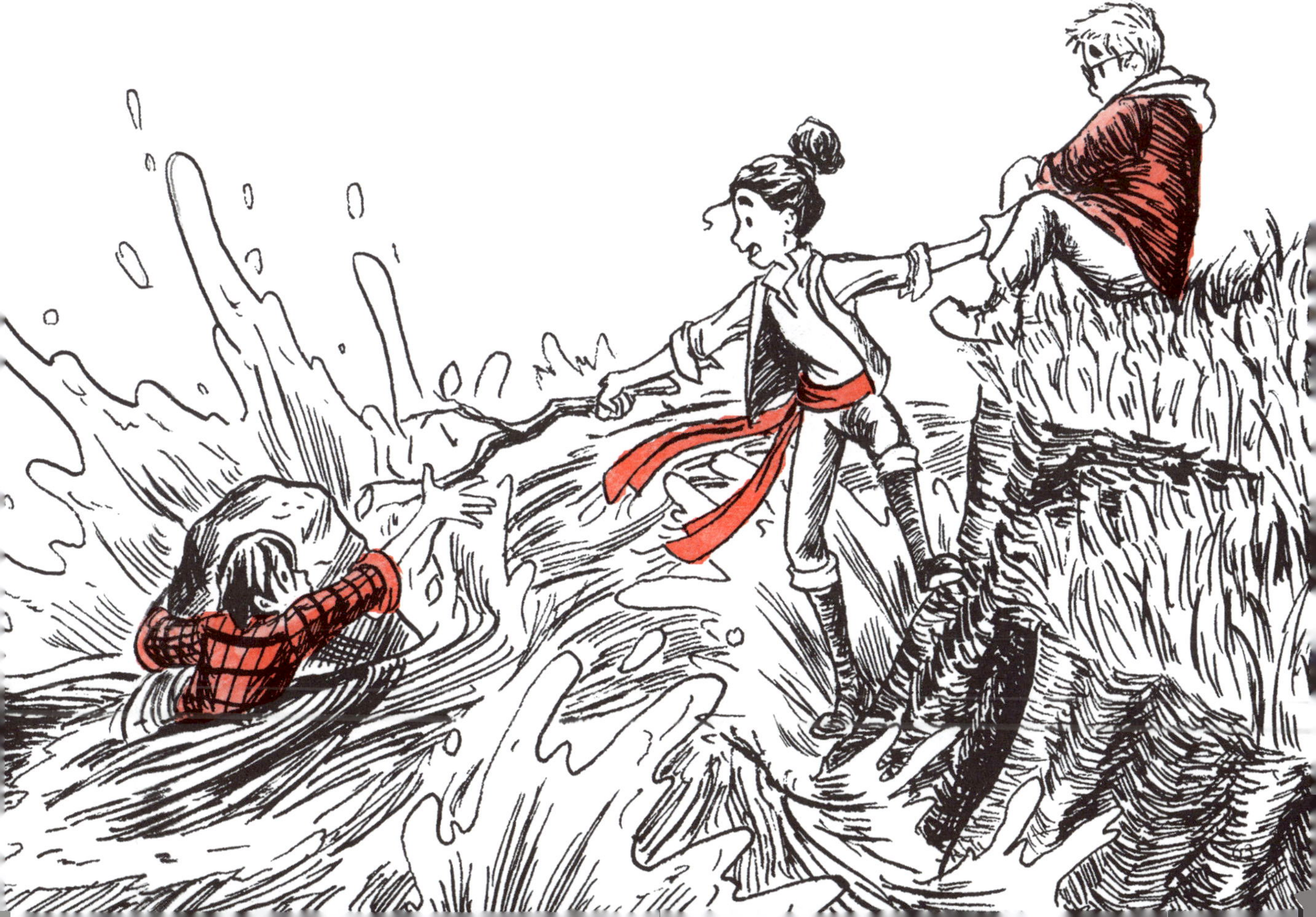

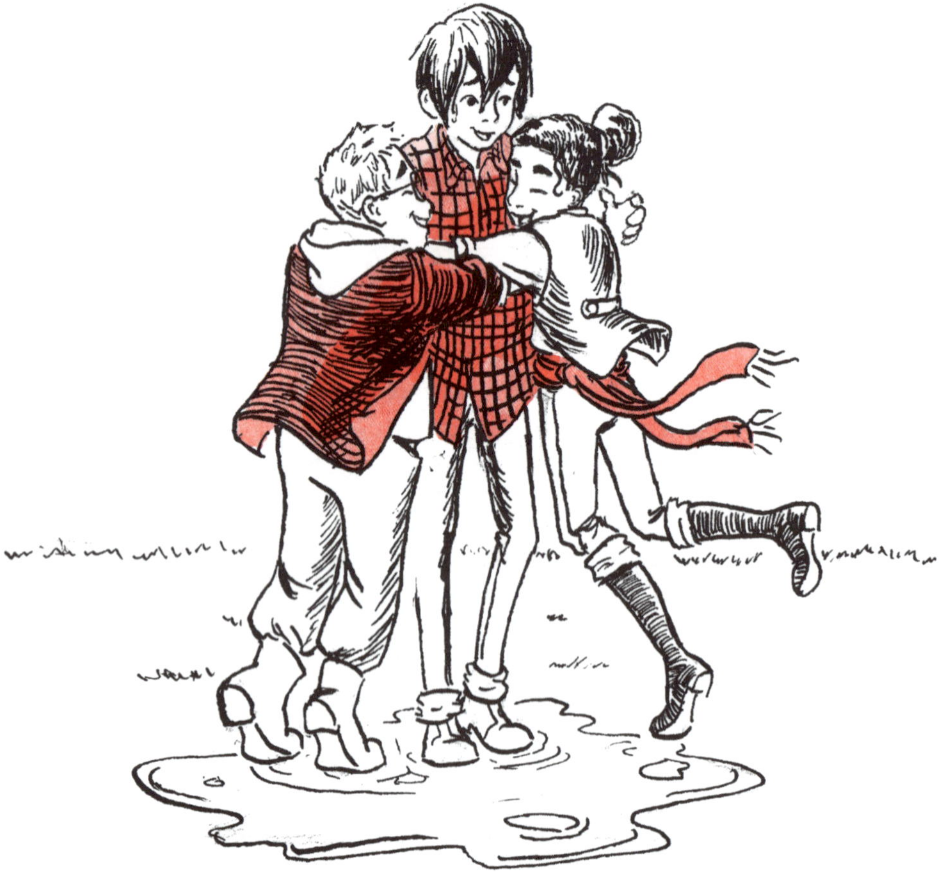

在一起，更好。

Together is better.

團隊不是一群一起工作的人。

A team is not a group of people who work together.

團隊是一群相互信任的人。

A team is a group of people who trust each other.

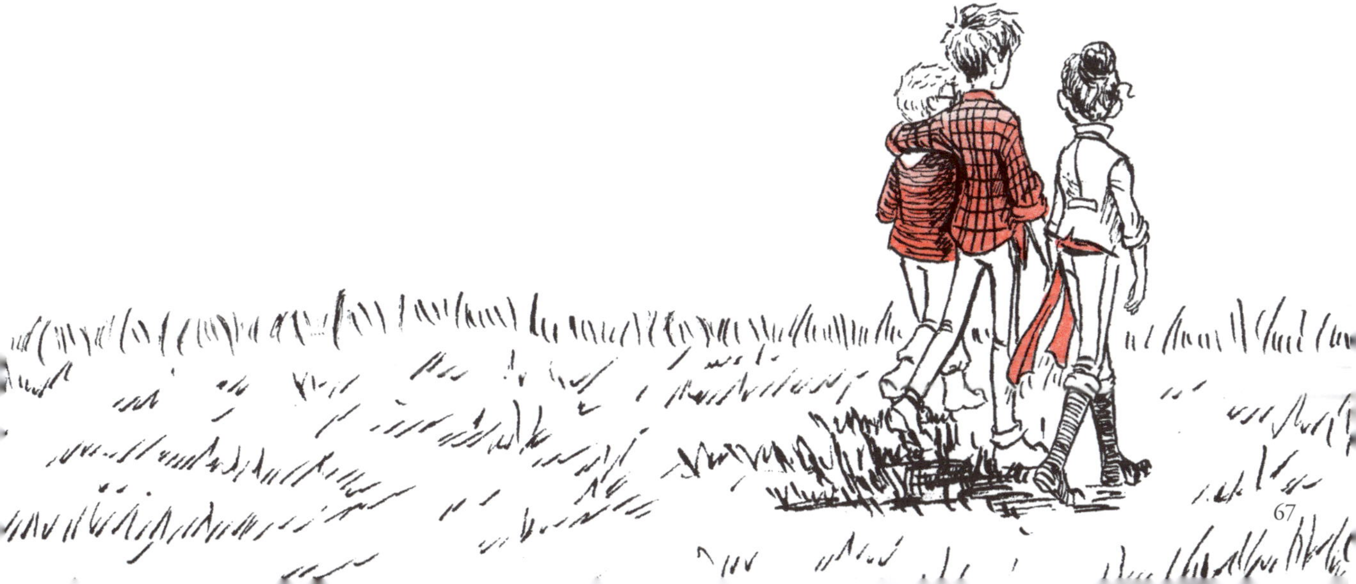

好的領導者能讓人相信他們的能力。
偉大的領導者則是能讓我們相信自己的能力。

A good leader doesn't only inspire us to have confidence in what they can do.
A great leader inspires us to have confidence in what we can do.

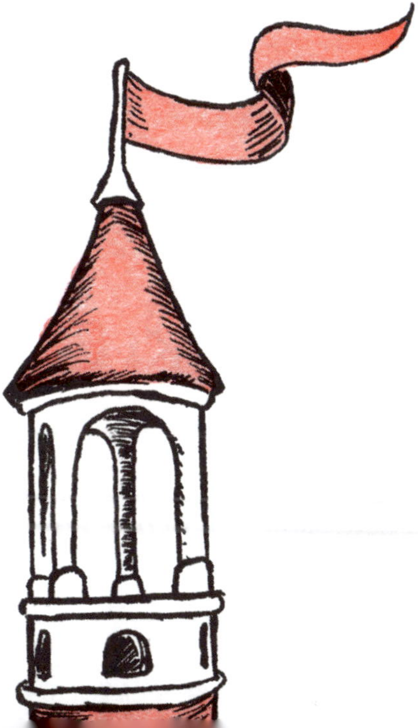

要是現實看起來跟我們所想像的差不多，那我們就成功了。

Success is when reality looks like what's in our imagination.

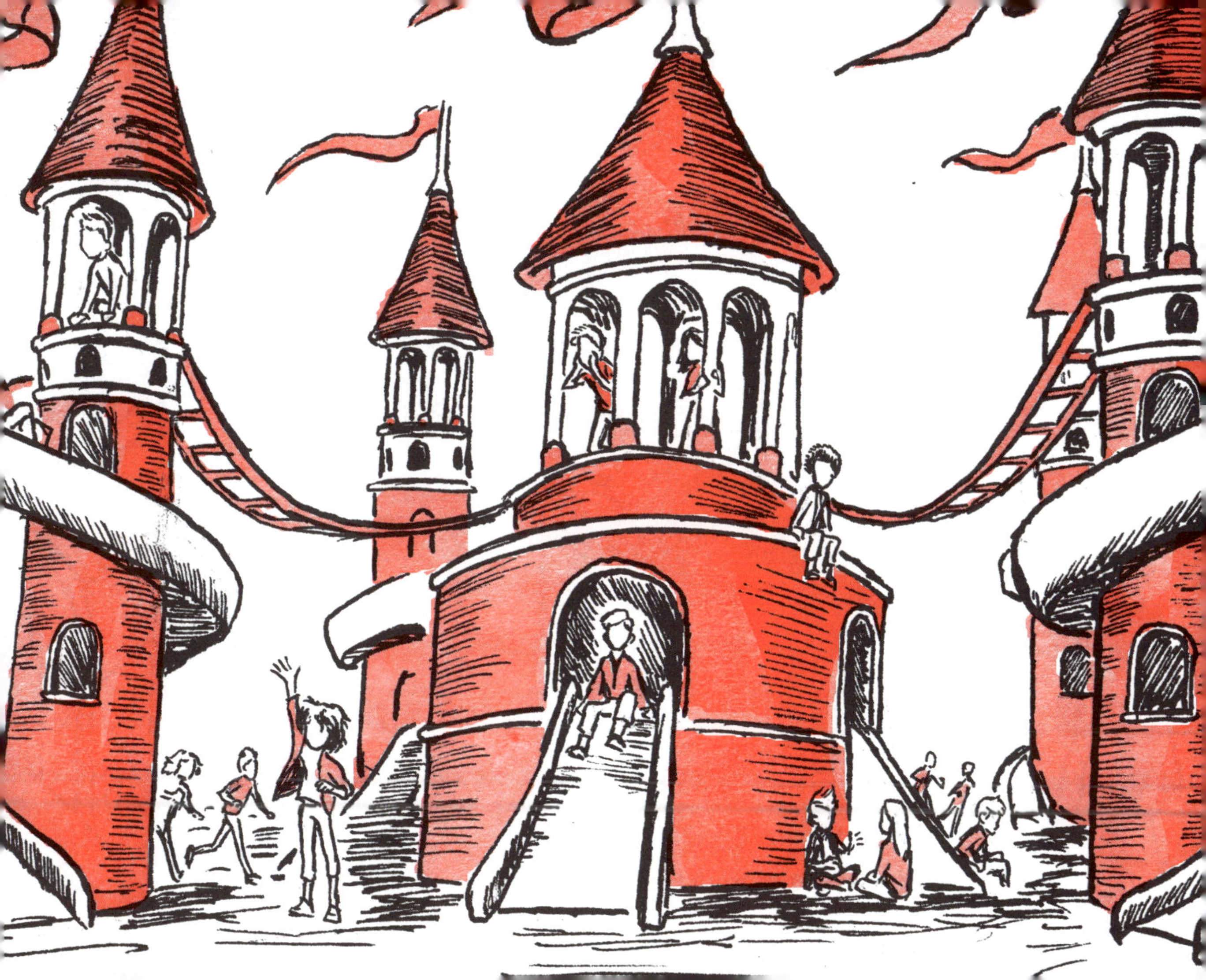

興奮來自於成就。
成就感來自於帶你達到目標的過程。

Excitement comes from the achievement.
Fulfillment comes from the journey that got you there.

73

Temptation

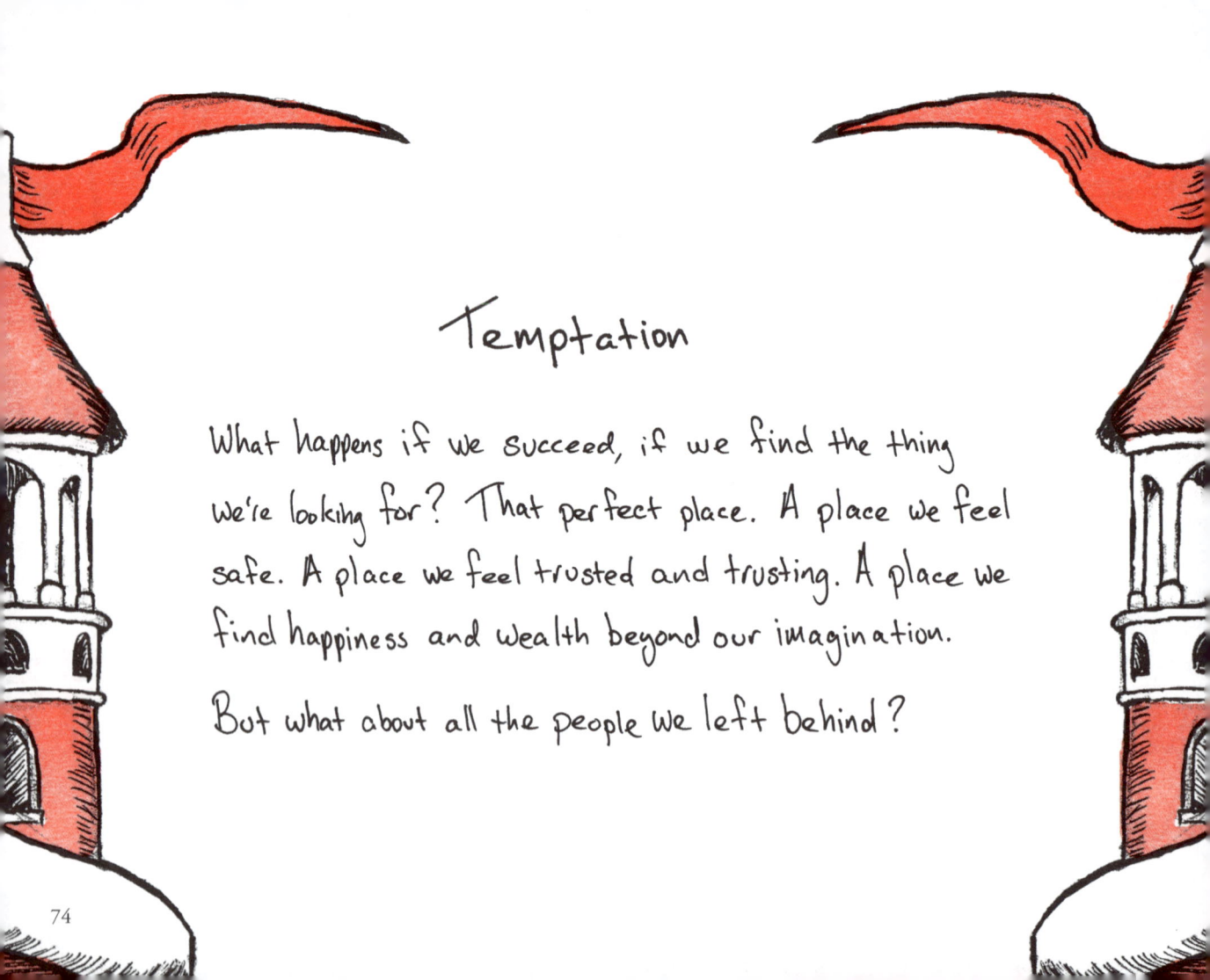

What happens if we succeed, if we find the thing we're looking for? That perfect place. A place we feel safe. A place we feel trusted and trusting. A place we find happiness and wealth beyond our imagination.

But what about all the people we left behind?

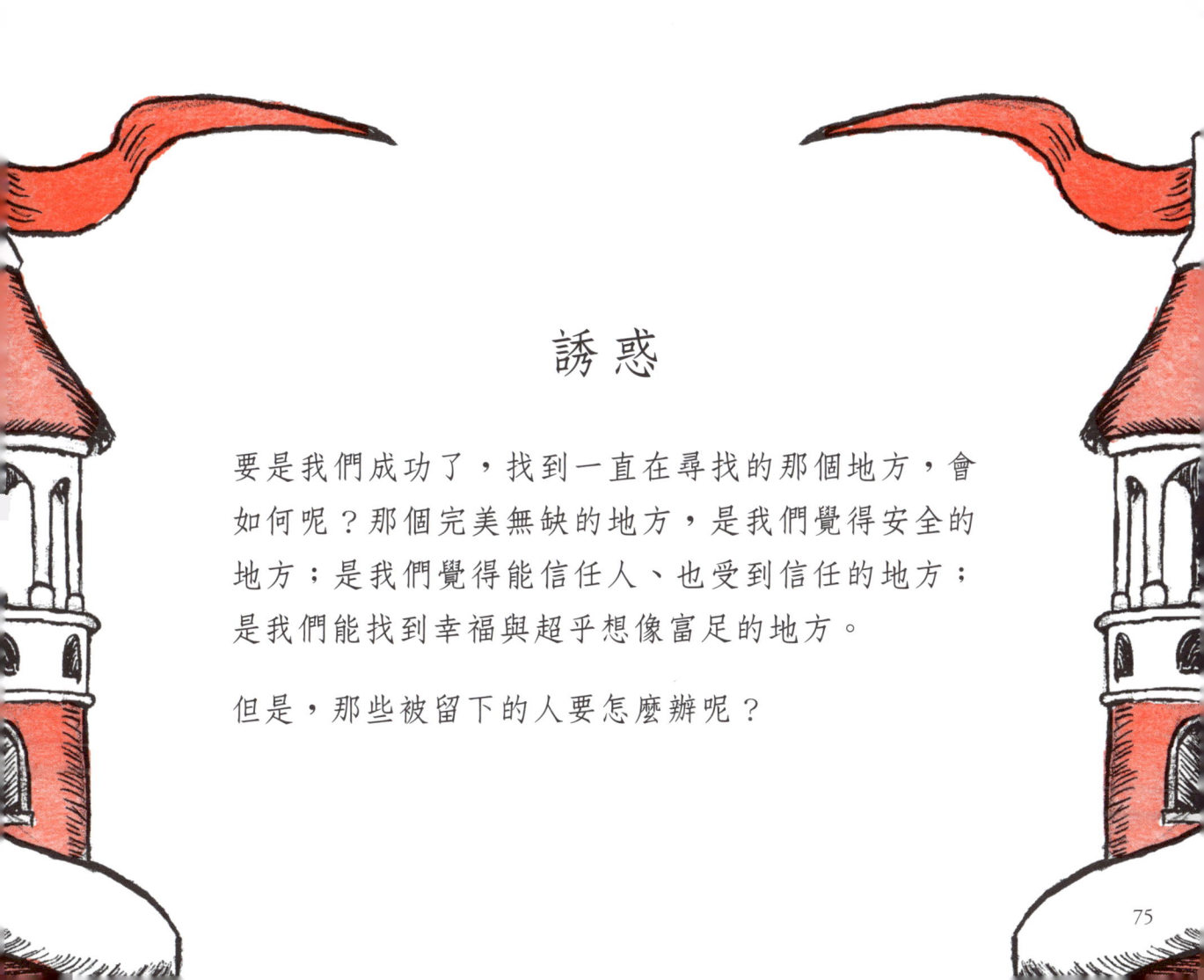

誘 惑

要是我們成功了，找到一直在尋找的那個地方，會如何呢？那個完美無缺的地方，是我們覺得安全的地方；是我們覺得能信任人、也受到信任的地方；是我們能找到幸福與超乎想像富足的地方。

但是，那些被留下的人要怎麼辦呢？

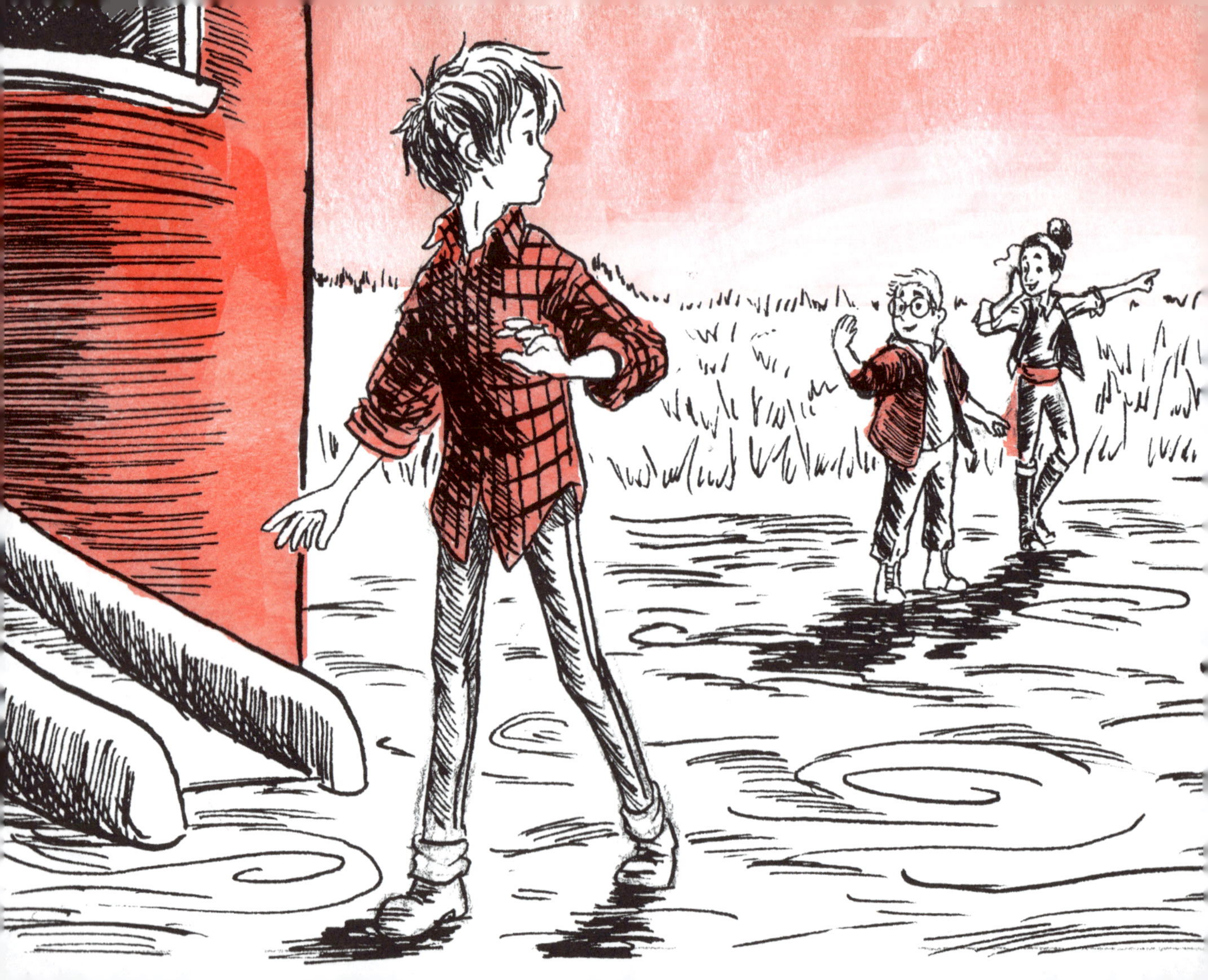

我們最大的考驗，可能不是來自我們走向成功的路上。
我們最大的考驗在於，當我們成功了之後，
我們要拿它怎麼辦。

Our greatest test may not come from the path we travel to success.
Our greatest test is what we do with success once we find it.

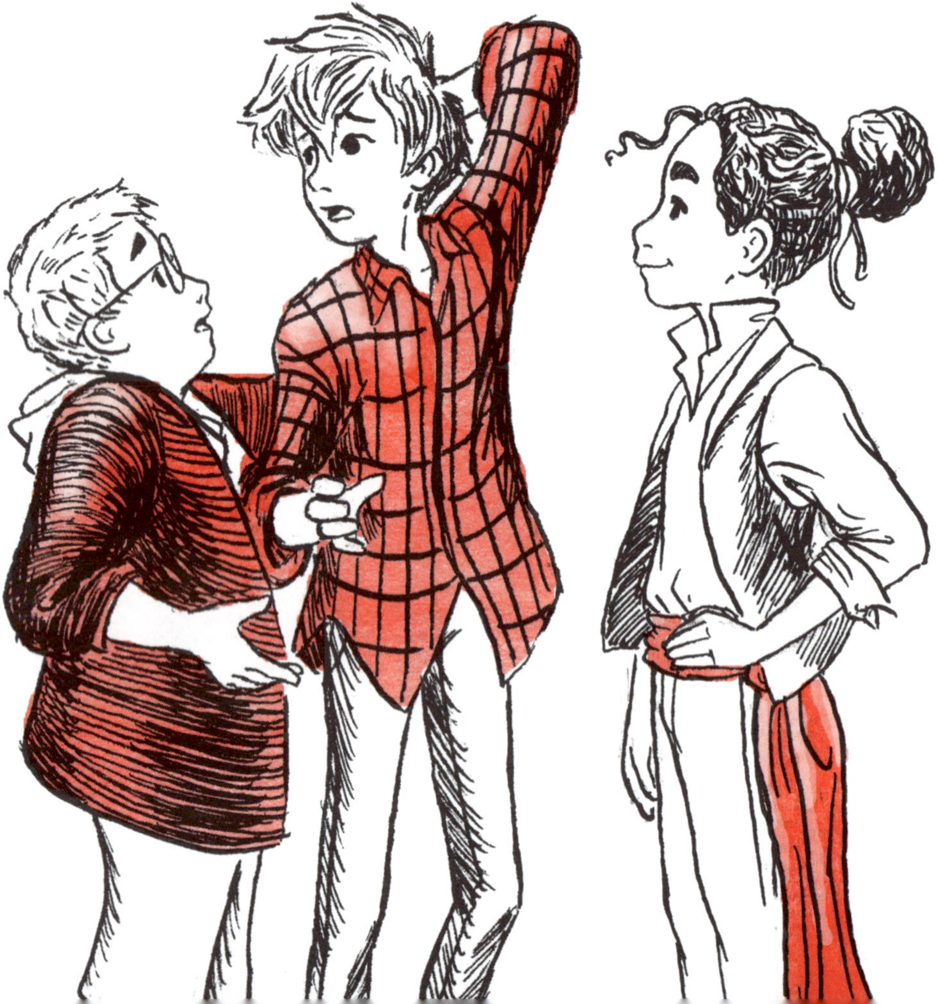

生命的價值不是由我們為自己做了什麼而決定。
生命的價值取決於我們為別人做了什麼。

The value of our lives is not determined by what we do for ourselves.
The value of our lives is determined by what we do for others.

機會不是去為自己找到一家完美的公司。

機會在於為彼此打造一家完美的公司。

The opportunity is not to discover the perfect company for ourselves.
The opportunity is to build the perfect company for each other.

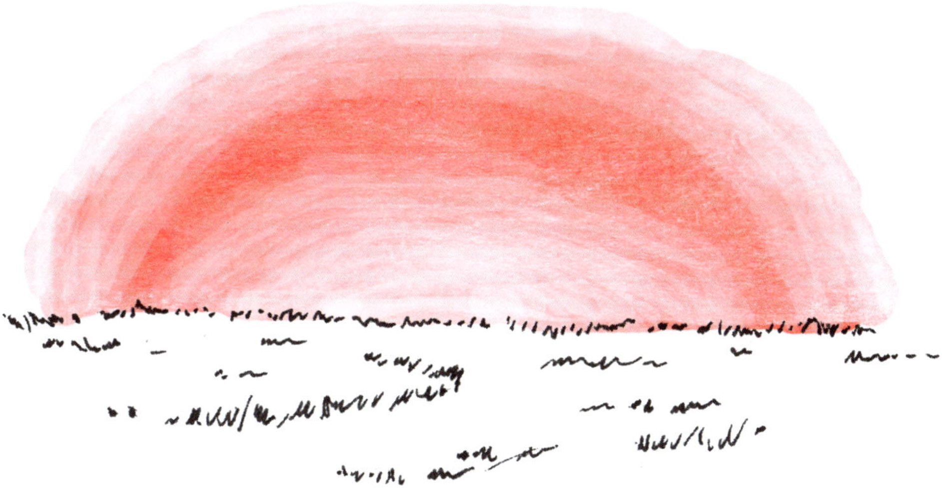

The Return

Leadership is a daily practice. The more we practice working to consider the lives of others, even if it comes at the expense of our interests, the better we get at it. Like a muscle, the more we practice leadership the stronger we get. More important, the stronger we get, the stronger those around us become too. It is at this point that the overwhelming challenges we faced as individuals, as if by magic, become simple to solve for the team.

回報

領導力是一種日常的修煉。當我們越懂得為他人設想——即使損及自身利益也在所不惜——那我們就會越來越懂得如何領導。這跟鍛鍊肌肉一樣，領導力越練就越強。更重要的是，我們越強，我們身旁的人也會變得更強。到這時候，好像變魔術一樣，我們原本獨自面對的艱困挑戰，只要靠團隊就能輕易解決。

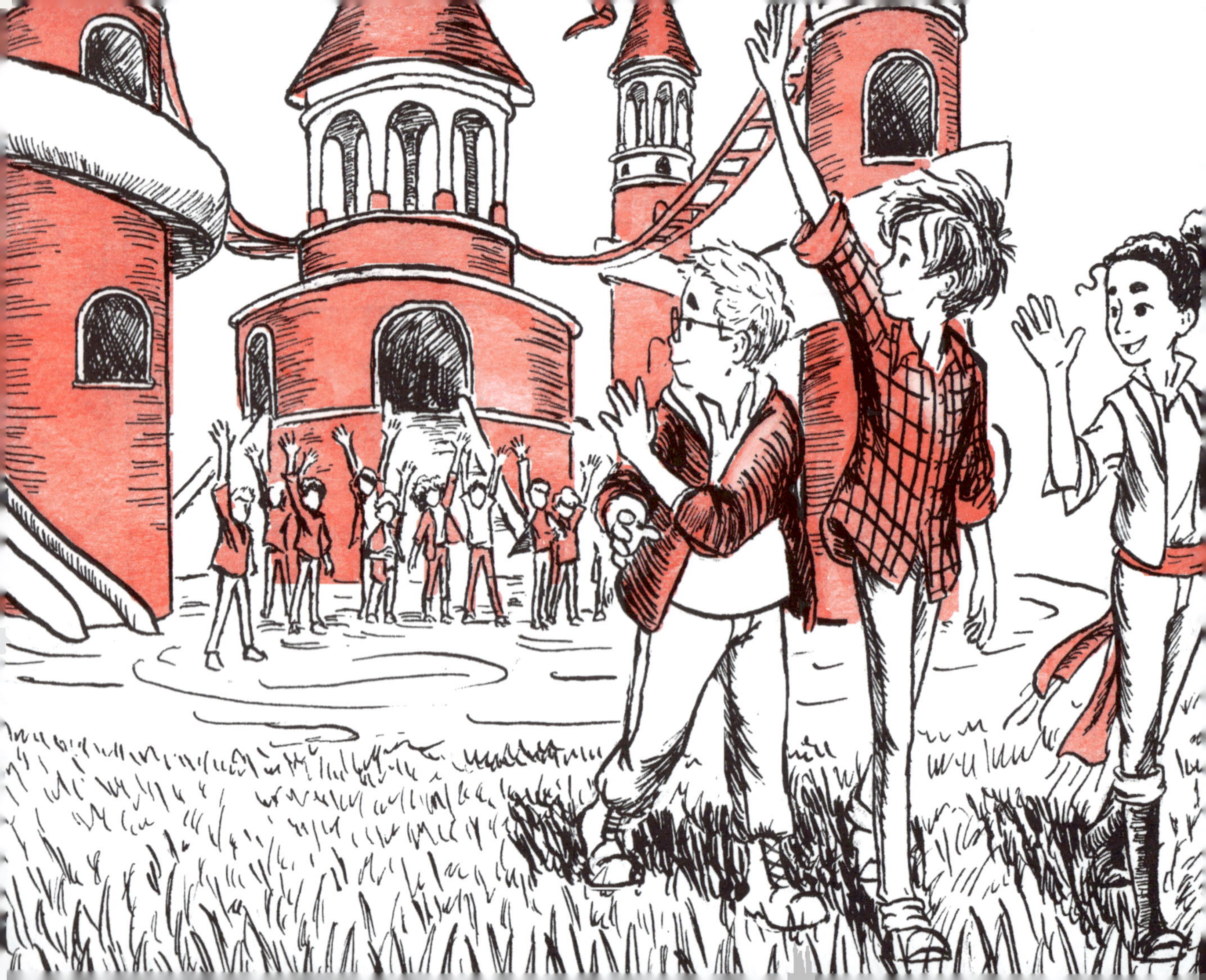

把自身的利益放在第一位,是一種奢侈。
把別人的利益放在自身利益之前,是一種榮譽。

It is a luxury to put our interests first.
It is an honor to put the interests of others before ourselves.

在走向長期成功的道路上，
奮鬥是我們必須採取的短期步驟。

Our struggles are the short-term steps
we must take on our way to long-term success.

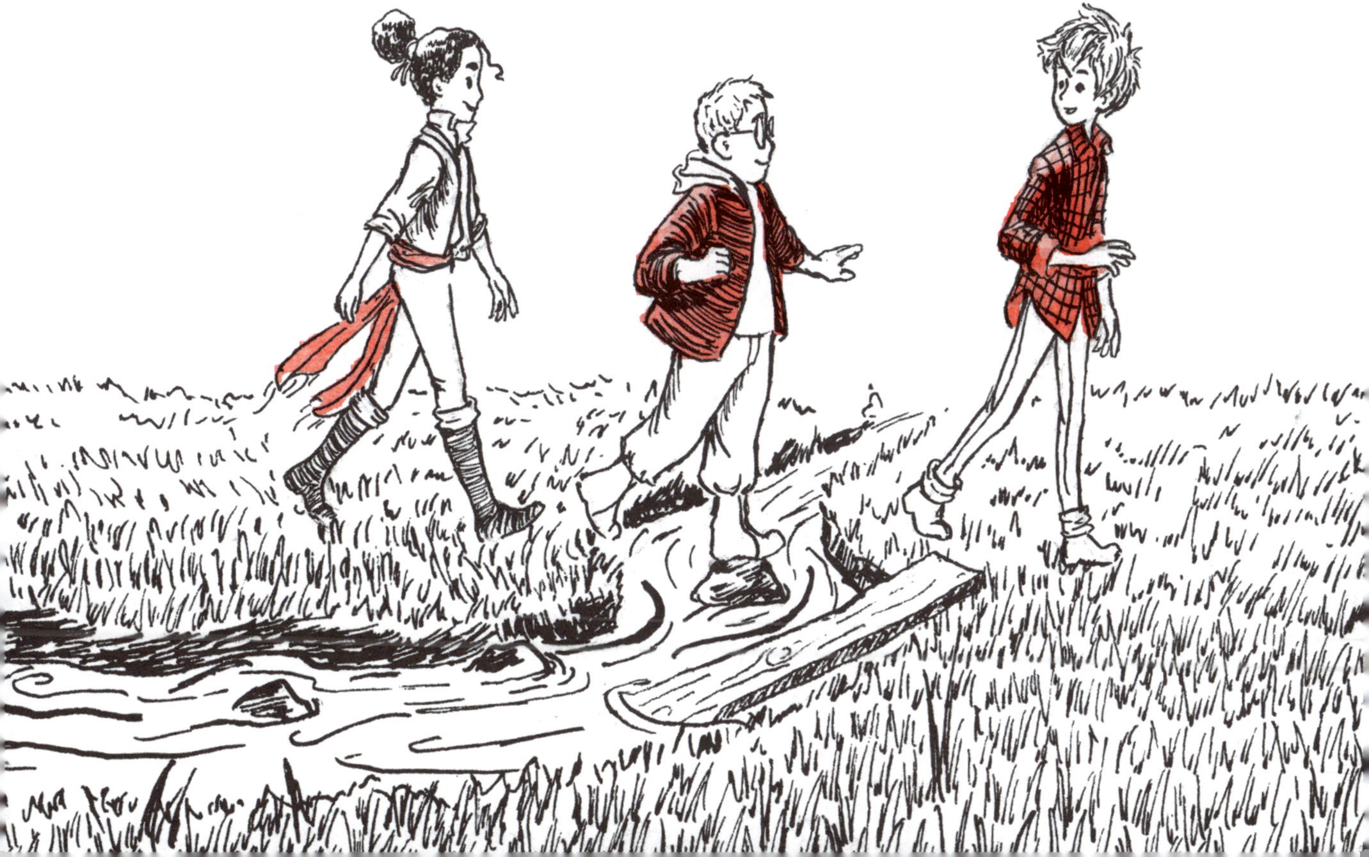

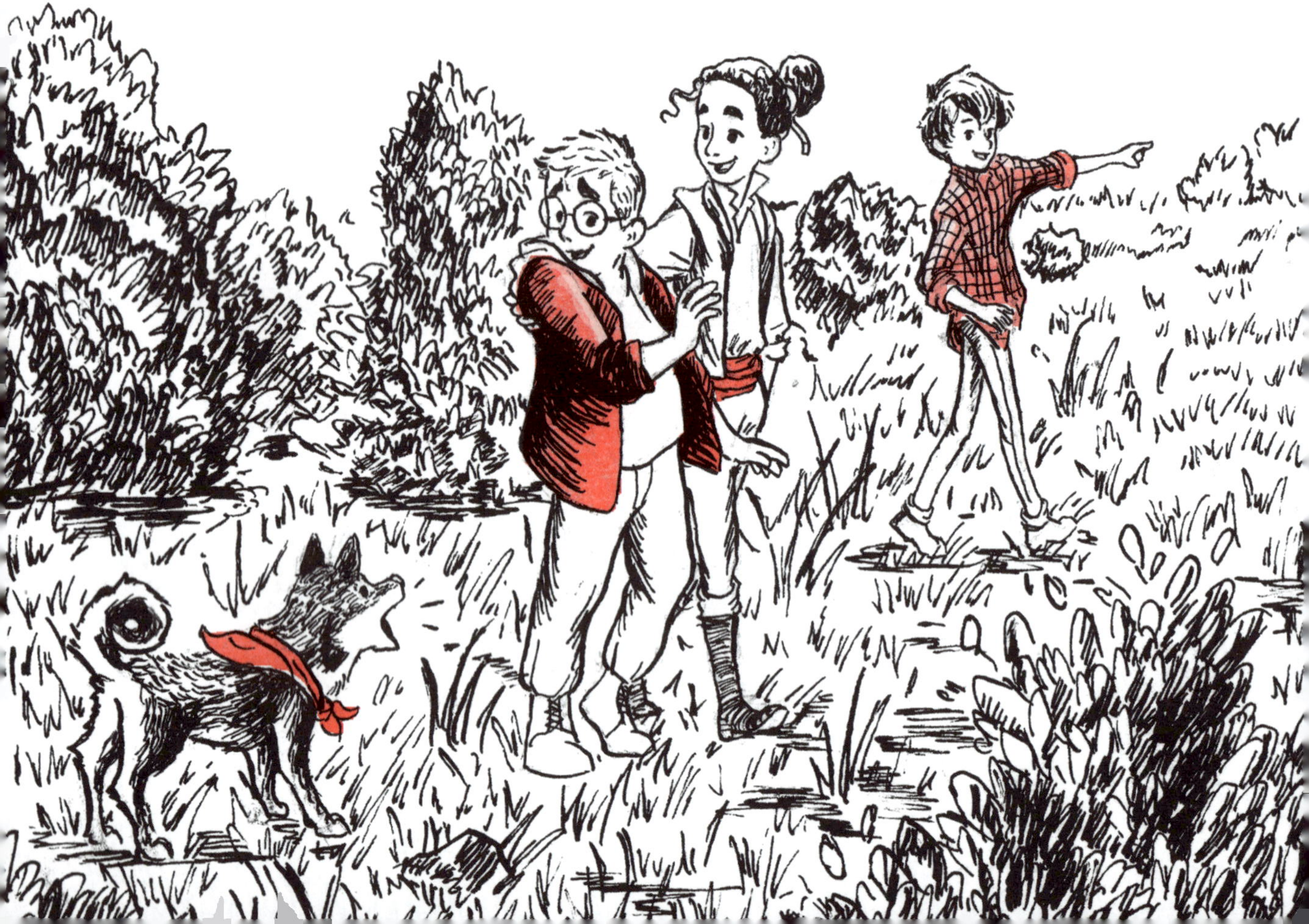

領導是一種教育。
最好的領導者把自己當成學生，
而不是老師。

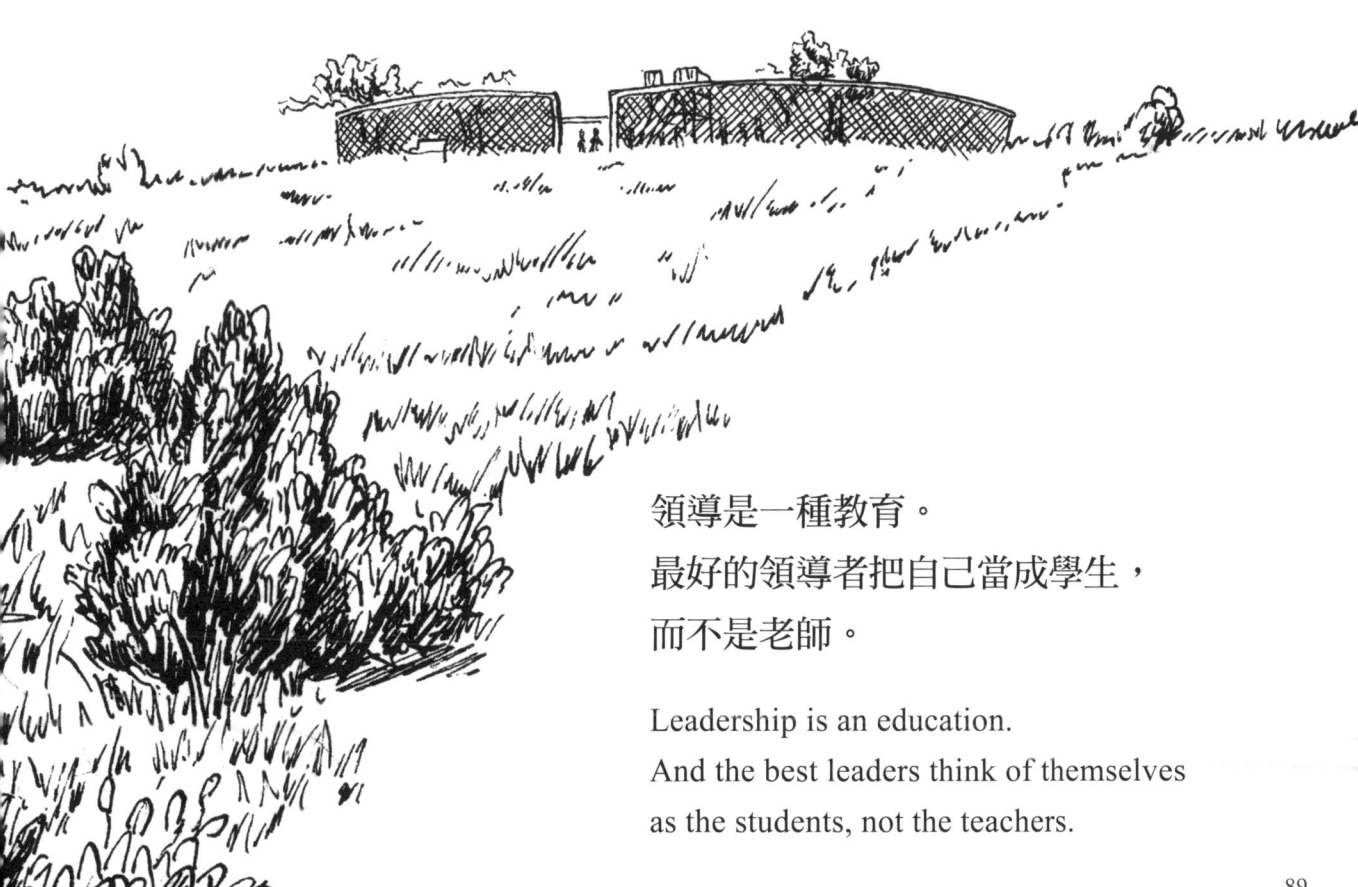

Leadership is an education.
And the best leaders think of themselves
as the students, not the teachers.

成就感不是來自夢想。
成就感是來自追夢的旅程。

Fulfillment is not born of the dream.
Fulfillment is born of the journey.

生命之所以美好，不是因為我們看到什麼或做了什麼。

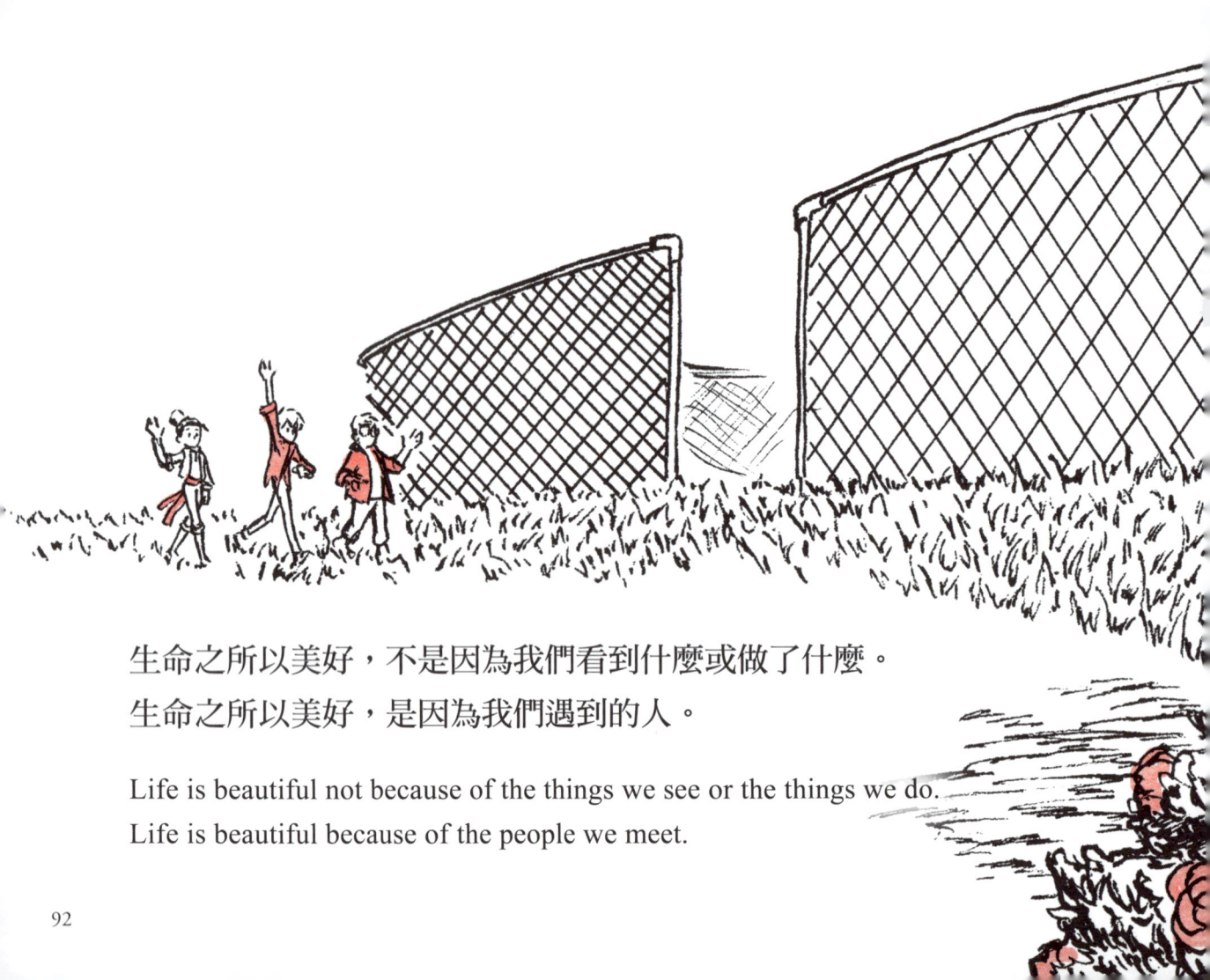

生命之所以美好，是因為我們遇到的人。

Life is beautiful not because of the things we see or the things we do.
Life is beautiful because of the people we meet.

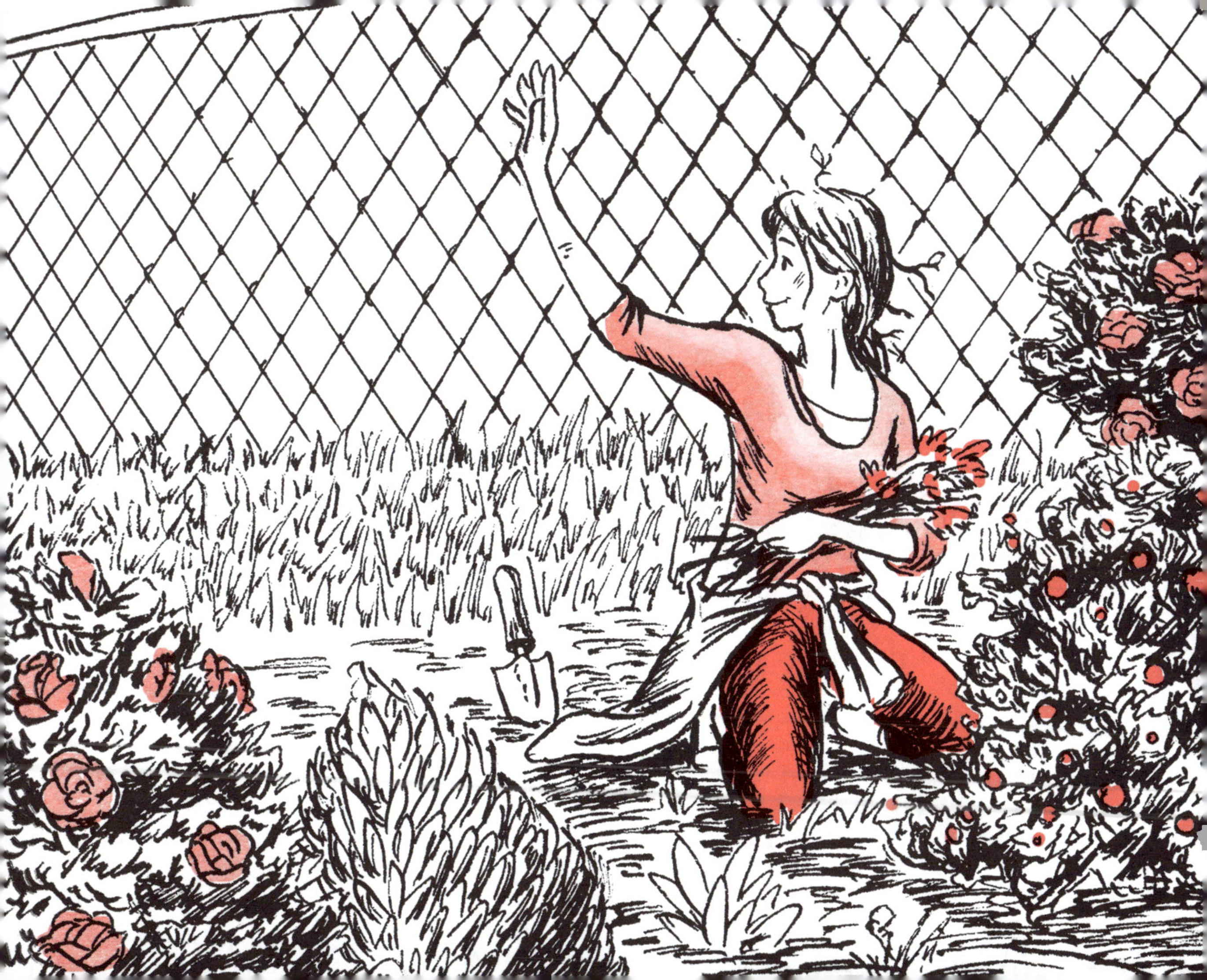

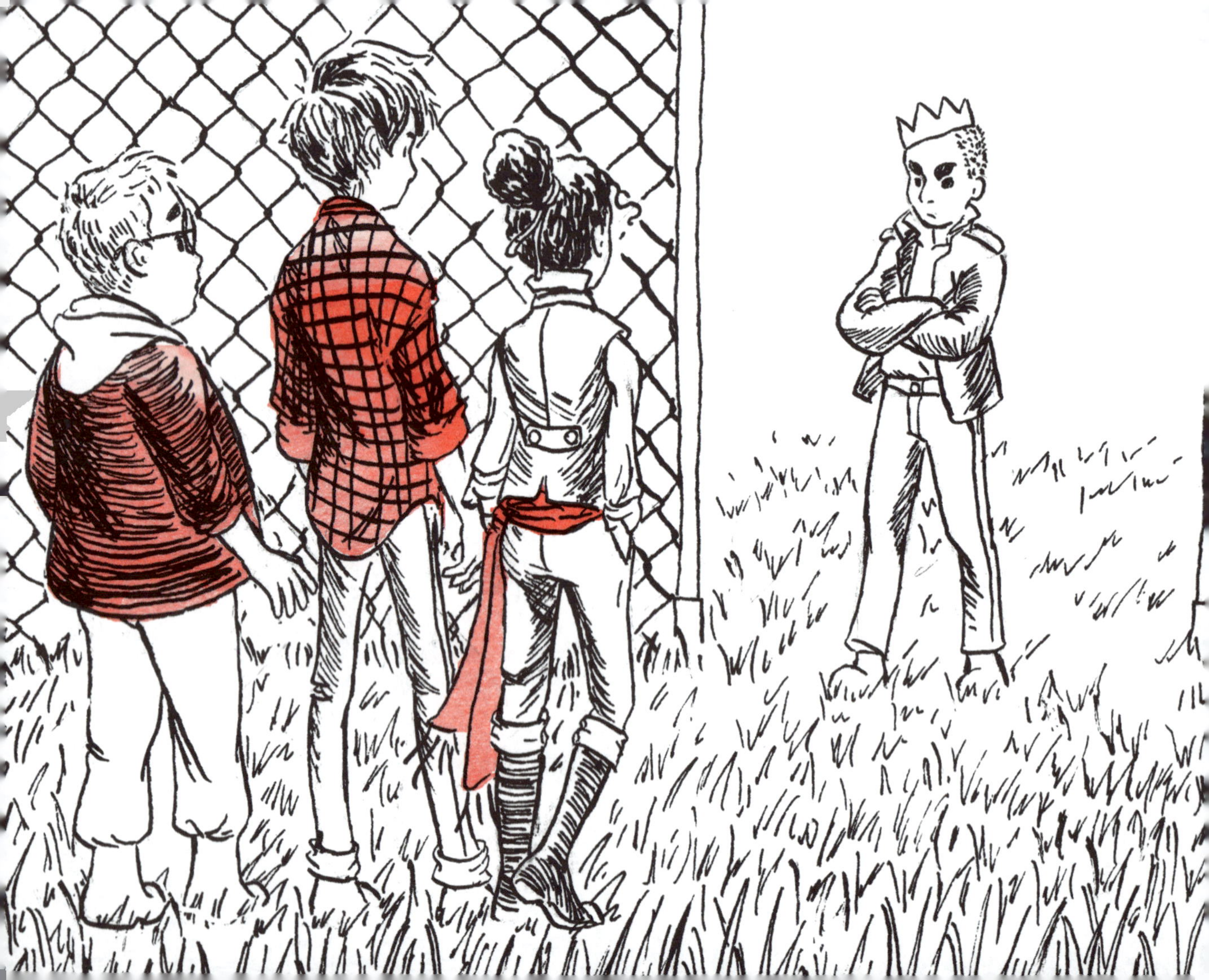

有勇氣承認軟弱,才是真正的強者。

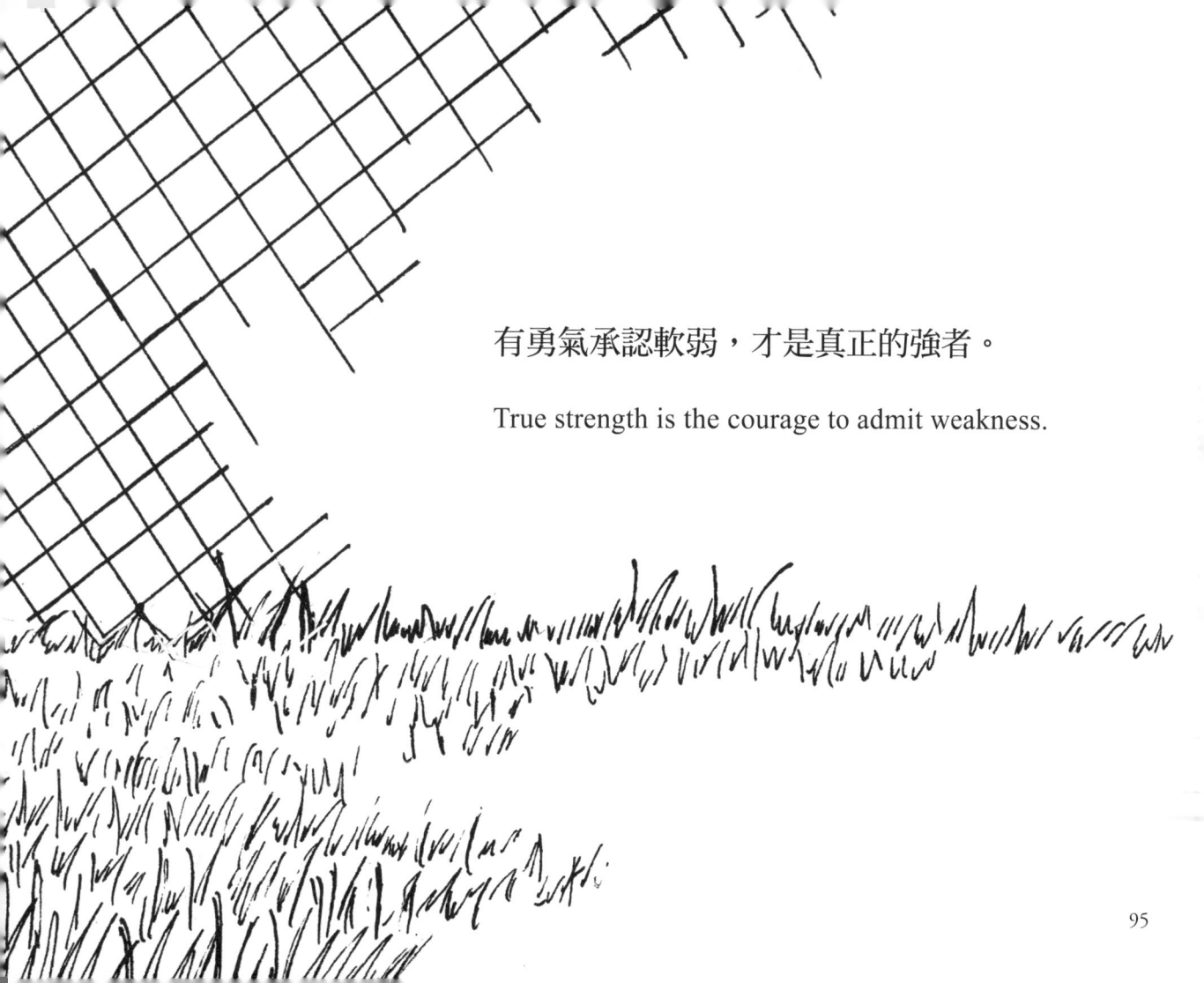

True strength is the courage to admit weakness.

失敗這件事，一個人就能達成。

Failure we can do alone.

但成功，需要他人的幫助。

Success always takes help.

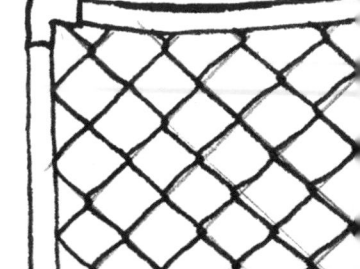

老闆擁有頭銜，但領導者擁有人心。

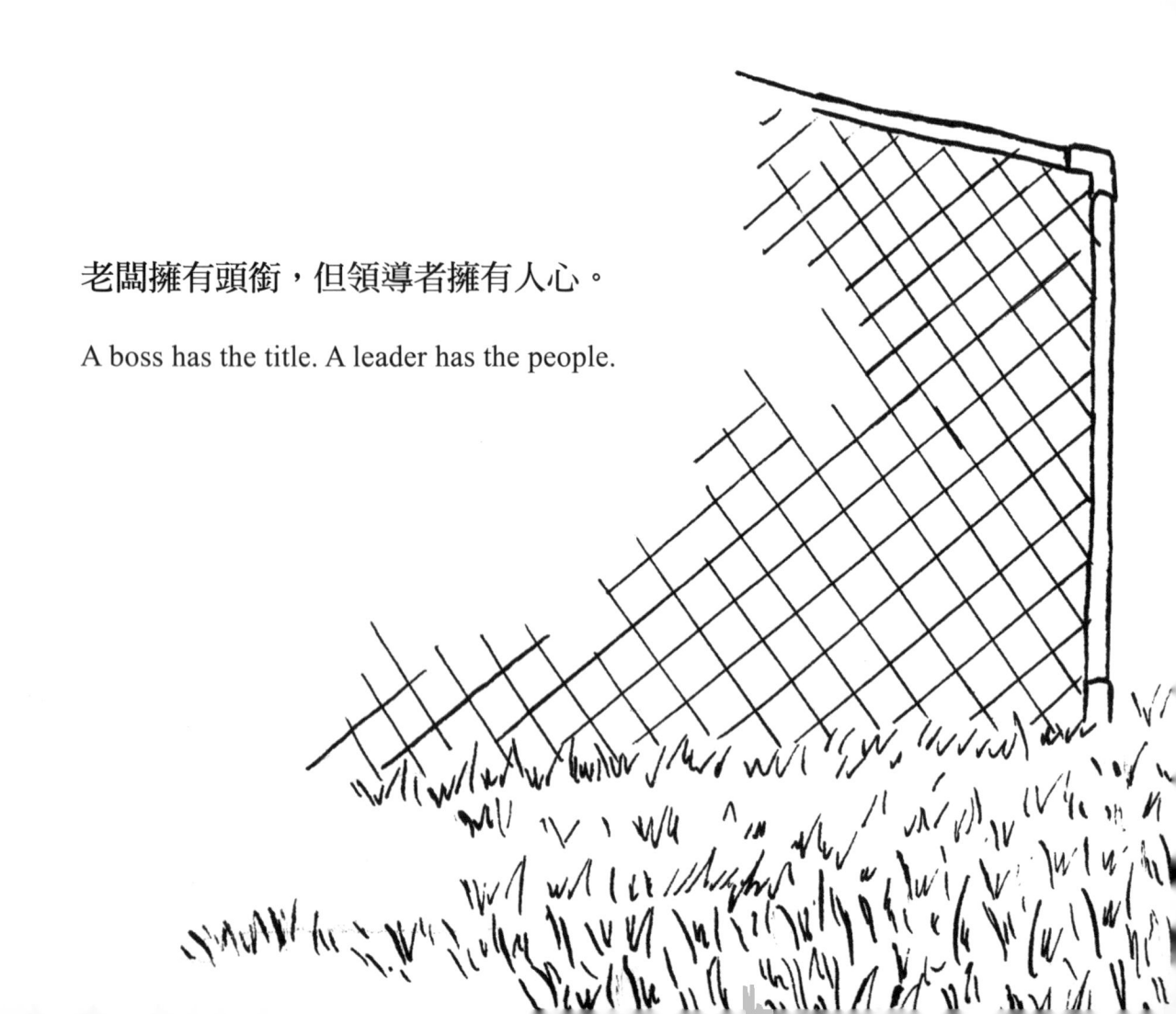

A boss has the title. A leader has the people.

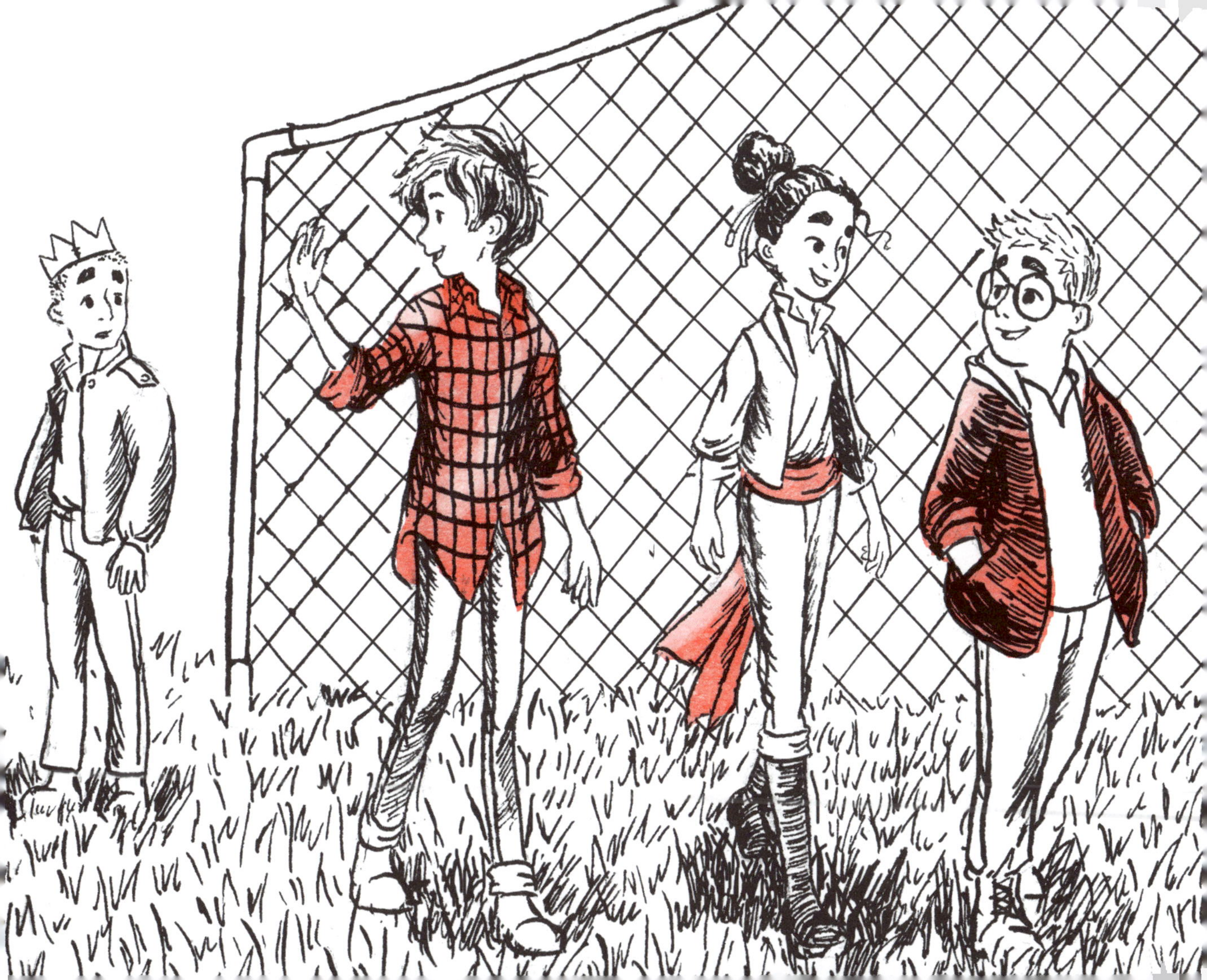

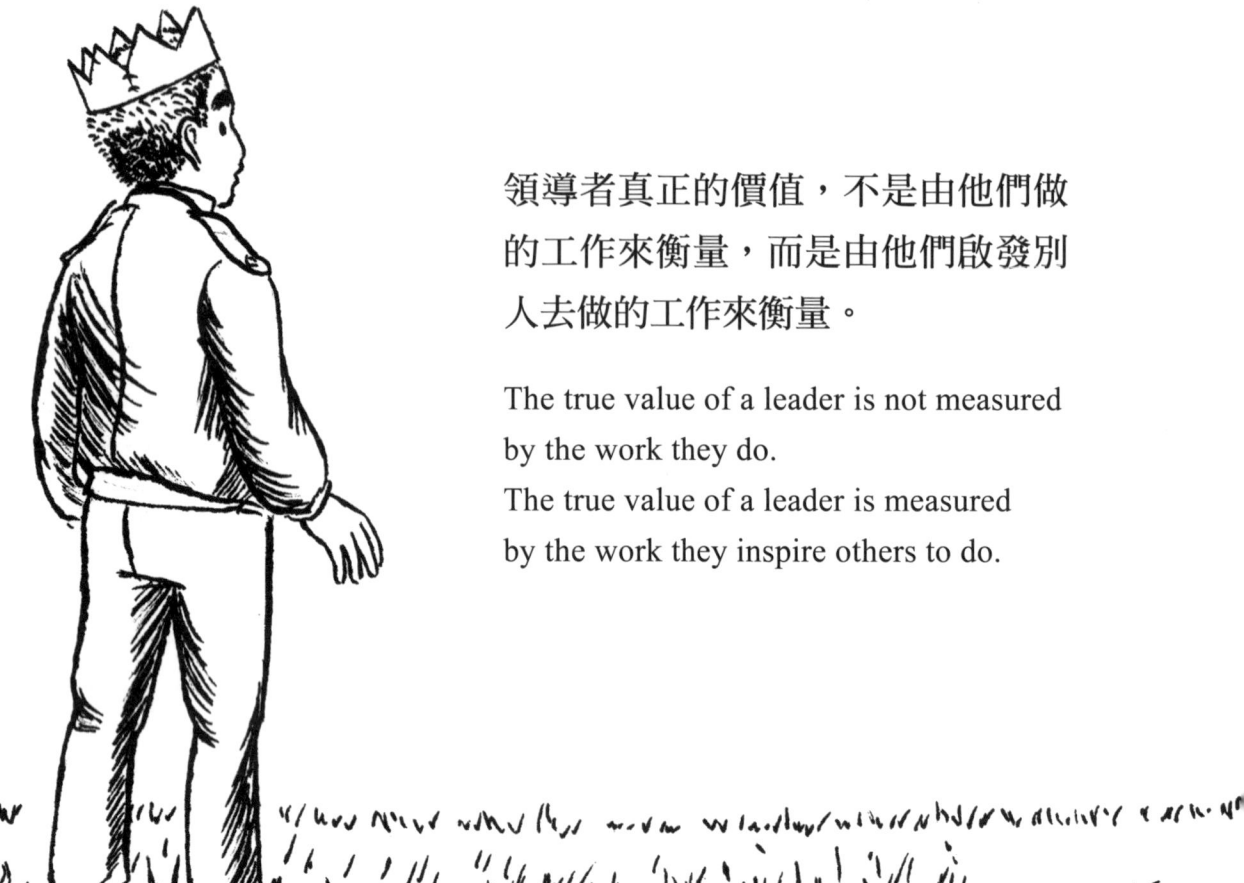

領導者真正的價值,不是由他們做的工作來衡量,而是由他們啟發別人去做的工作來衡量。

The true value of a leader is not measured by the work they do.
The true value of a leader is measured by the work they inspire others to do.

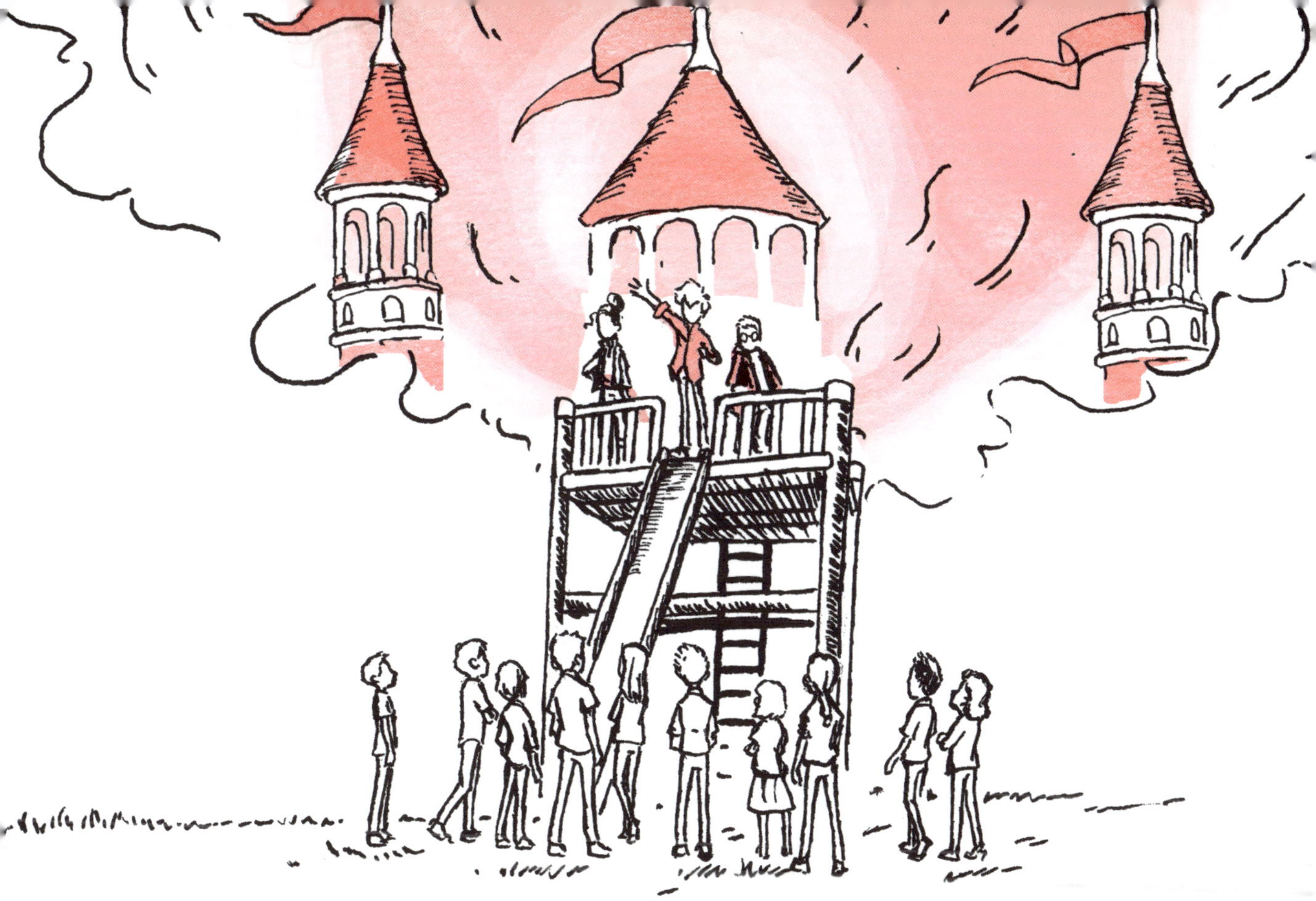

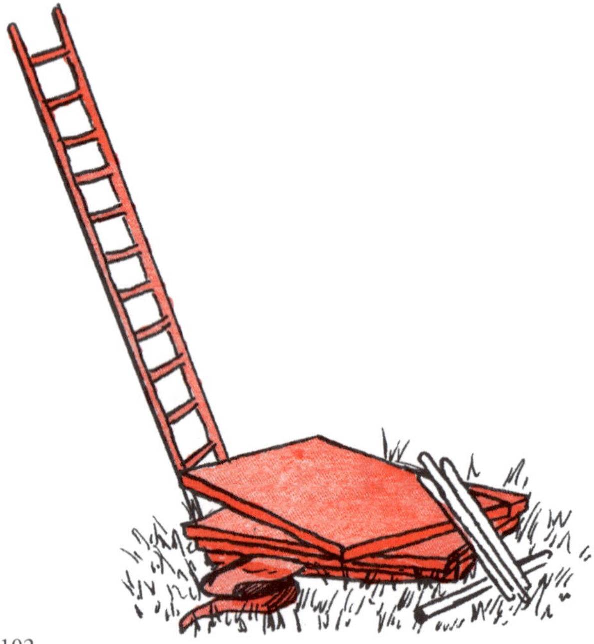

如果我們凡事都下指令，只會造就出聽命行事的人。
要是我們信任對方會把工作做好，就能培養出領導者。

When we tell people to do their jobs, we get workers.
When we trust people to get the job done, we get leaders.

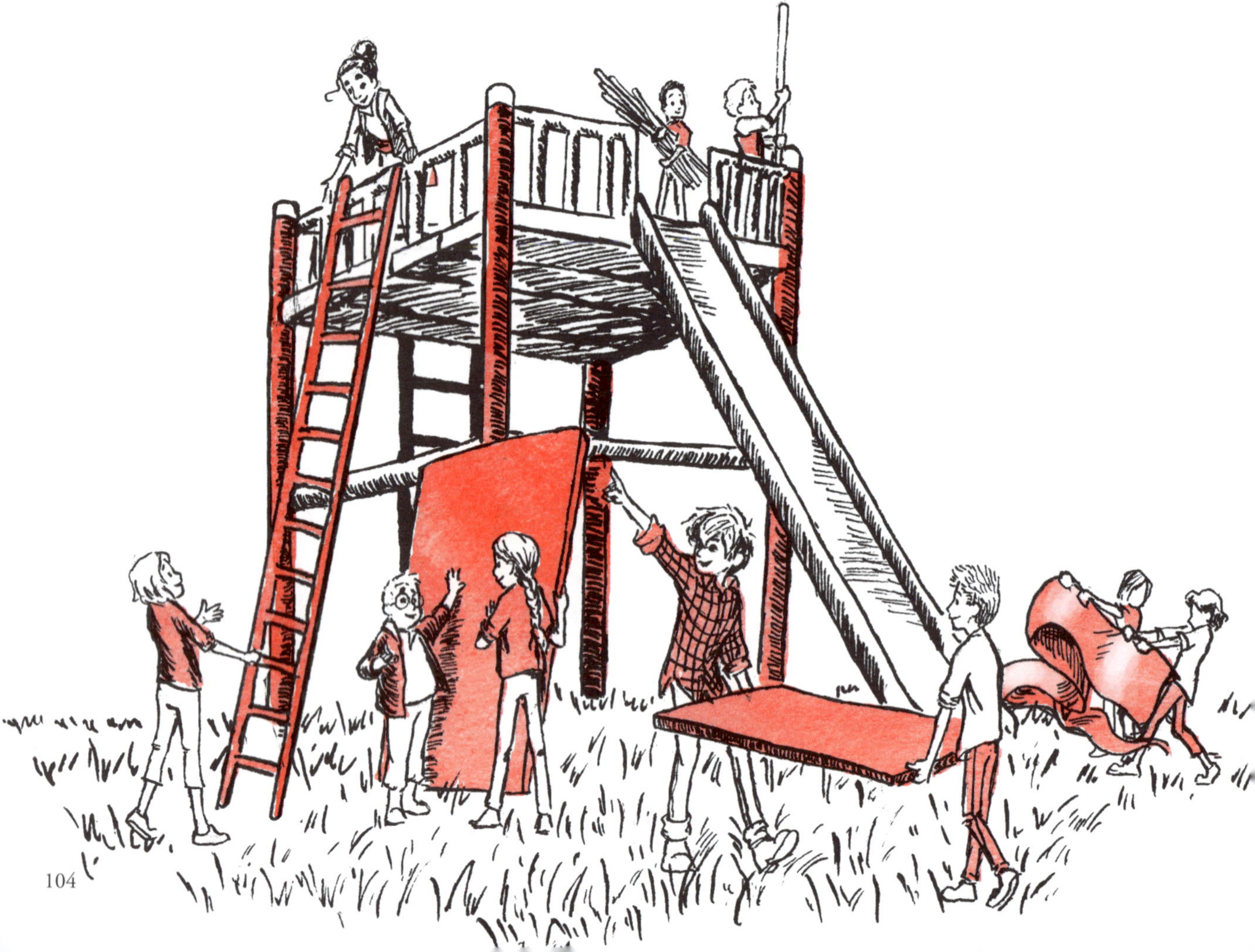

為一件我們並不關心的事情而努力工作，這是壓力。
為一件我們喜愛的事情而努力工作，這是熱情。

Working hard for something we don't care about is called stress.
Working hard for something we love is called passion.

Be the Leader You Wish You Had

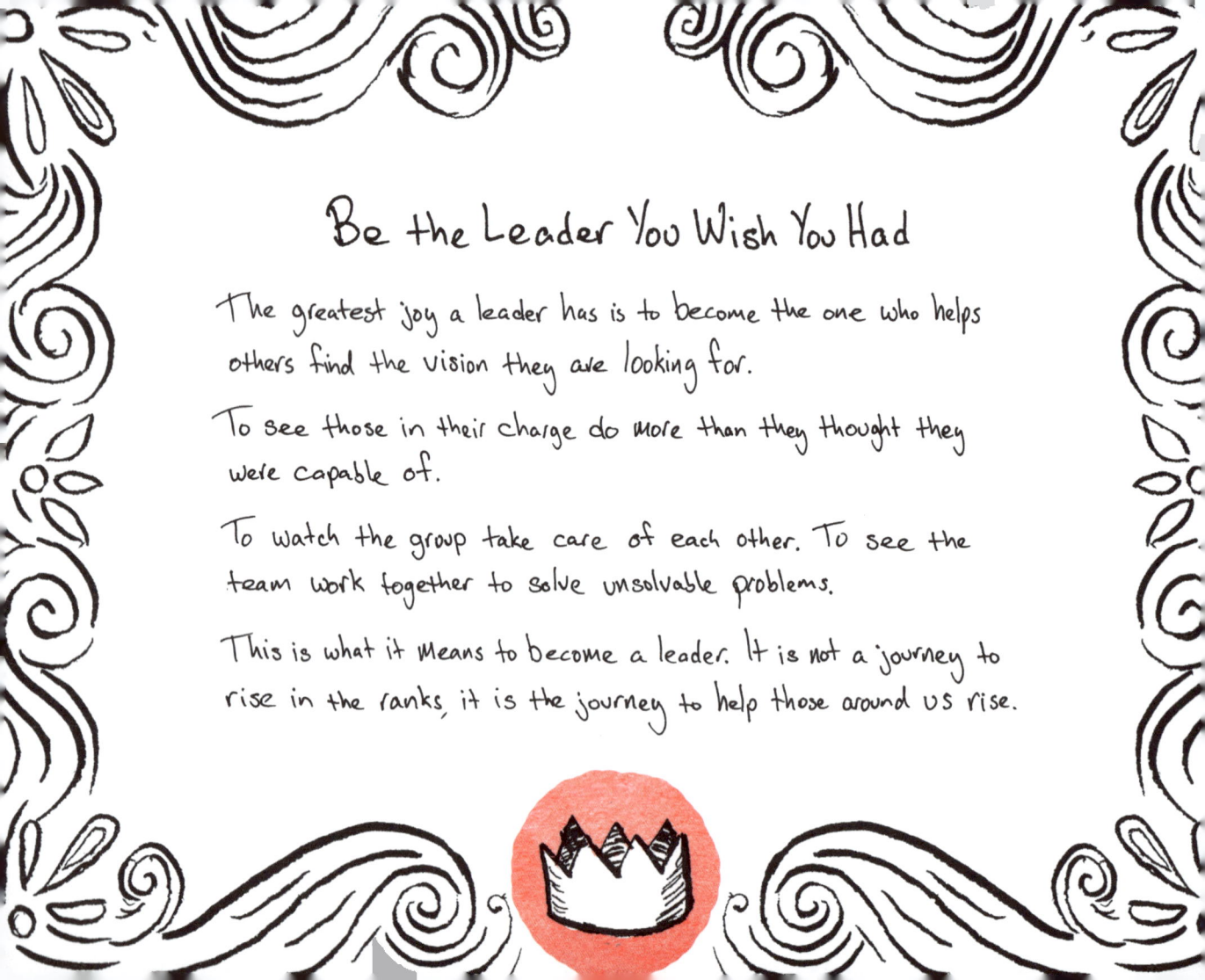

The greatest joy a leader has is to become the one who helps others find the vision they are looking for.

To see those in their charge do more than they thought they were capable of.

To watch the group take care of each other. To see the team work together to solve unsolvable problems.

This is what it means to become a leader. It is not a journey to rise in the ranks, it is the journey to help those around us rise.

成為一個你希望追隨的領導者

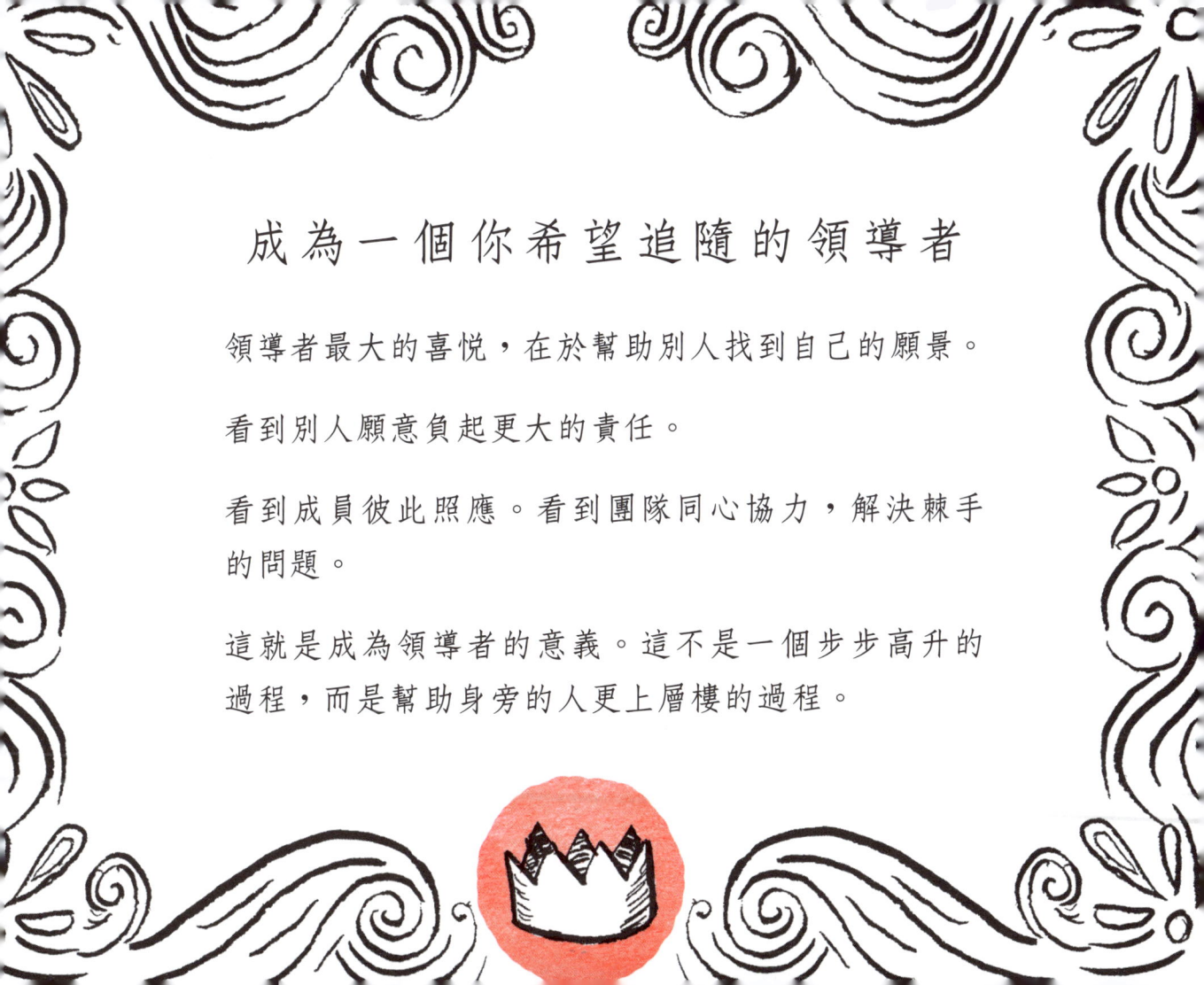

領導者最大的喜悅,在於幫助別人找到自己的願景。

看到別人願意負起更大的責任。

看到成員彼此照應。看到團隊同心協力,解決棘手的問題。

這就是成為領導者的意義。這不是一個步步高升的過程,而是幫助身旁的人更上層樓的過程。

理智可以被說服，但是人心必須努力去贏得。

The mind can be convinced but the heart must be won.

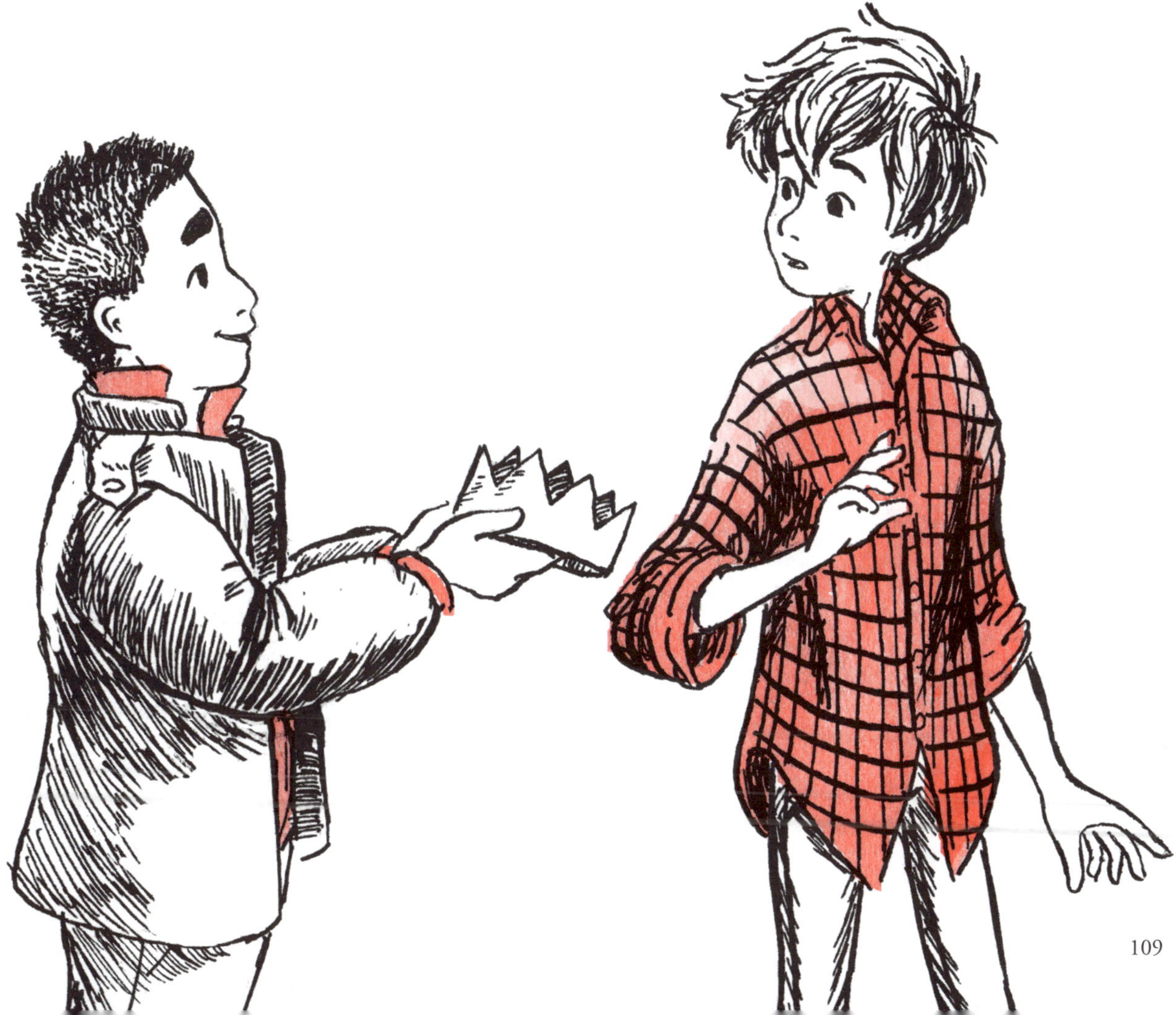

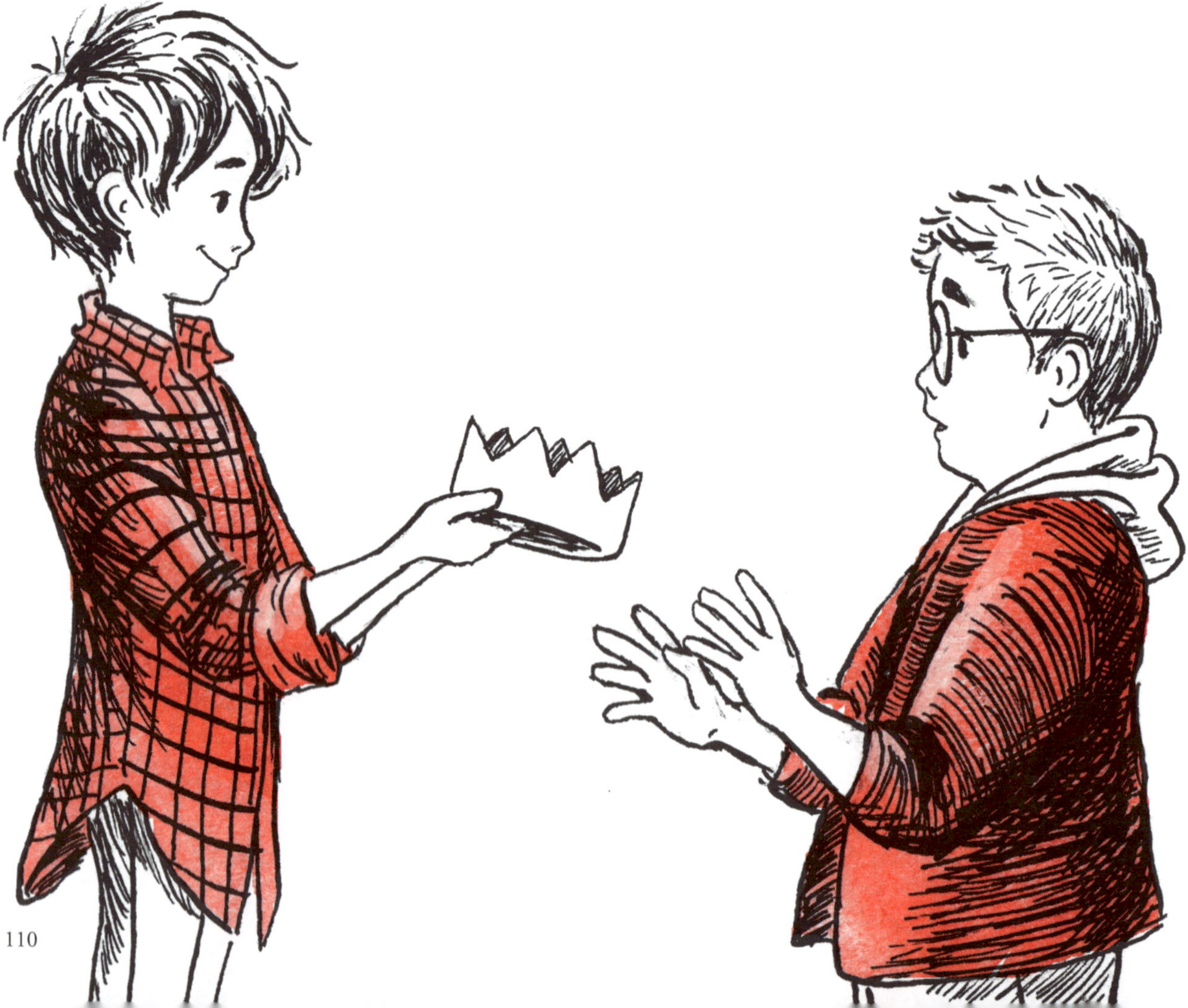

明星想看到自己登上巔峰。

領導者期望看到身邊的人都成為明星。

A star wants to see himself rise to the top.

A leader wants to see those around him become stars.

領導者必須先受到眾人啟發，然後才可以激勵眾人。

A leader must be inspired by the people
before a leader can inspire the people.

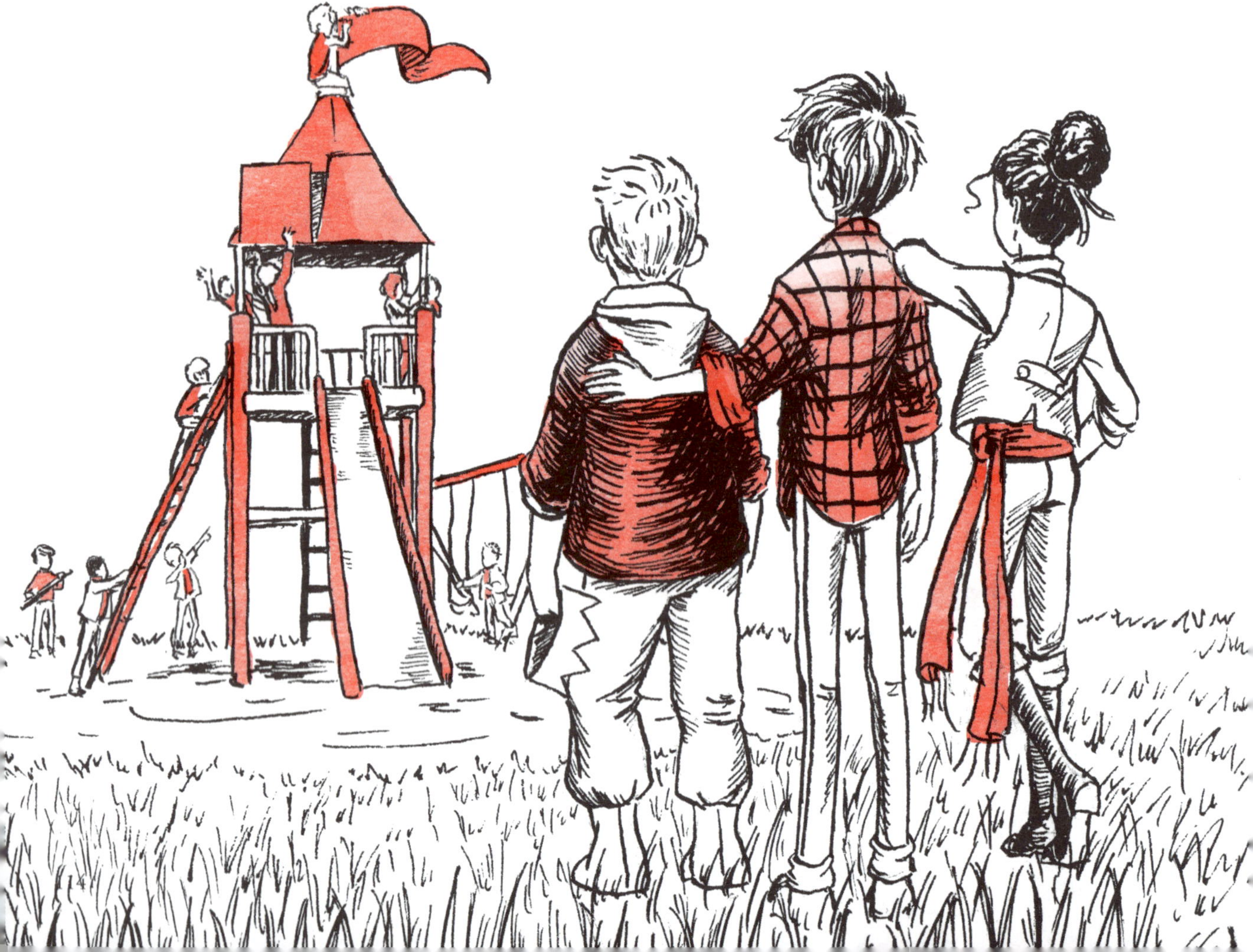

「要走得快,獨自上路。要走得遠,結伴同行。」

——非洲諺語

" To go fast, go alone. To go far, go together. "

— African proverb

再多談一點

寫這本書讓我感到非常喜悅——用這麼簡單的方式來分享一些靈感。當我們寫完的時候,就知道有一些深意,會在語錄和插畫的方式中流失。所以,我們決定就某些想法再多做一些分享。希望你會喜歡。

第 6 頁 │ 大多數人都過著因緣湊巧的人生——事情怎麼發展，我們就怎麼過。人生想要有所實現，就要過得有目標。

(Most of us live our lives by accident—we live as it happens. Fulfillment comes when we live our lives on purpose.)

第 8 頁 │ 如果你說，你做的是一個「並不想一直做下去的工作」，那你為什麼現在還在做呢？

(If you say your job is something you "don't plan on doing forever," then why are you doing it now?)

　　這本書開頭所引的話掌握了我的基本想法——實現夢想是一種權利，而不是特權。我認為，我們有太多人把工作上的興奮——談下新的客戶，獲得升遷或拿到獎金，達成目標——跟來自工作上的深刻喜悅弄混了。那種對同事的愛、來自同事的愛，那種對大目標有所貢獻的感覺，那種覺得自己受重視、有價值的感覺。

我們不必接受眼前的狀況——我們有其他的選項，也有別的選擇，最重要的是，我們有觀點。我們有發言權，可以表達我們在工作時應該有什麼感覺。它有一種目的、原因或信念之感——對於我們為什麼做這些事，我們是篤定的。而這是我們可以要求的。

第 9 頁　｜　領導不是大權在握。領導是在照顧那些把自己託付給你的人。

　　　　（ Leadership is not about being in charge. Leadership is about taking care of those in your charge. ）

　　這裡並沒有什麼微言大義。這個想法相當清楚。我想，我只是很驚訝，在這個這麼進步的時代，有這麼多好書、TED 的演講，還有 Twitter 上的貼文和《哈佛商業評論》，但有些人還是認為，他們之所以是領導者，是因為他們升了官。（好吧，小抱怨一下。）

第 15 頁　│　當我們知道自己在反抗什麼的時候，甚至可以展開一場革命。但如果想要持續創造改變，就得清楚自己為了什麼在奮鬥。

(We can start a revolution when we know what we stand against. To create change that lasts, however, we need to know what we stand for.)

不僅僅知道自己在遠離什麼或是試圖改變什麼，還要知道我們要去哪裡，這是很重要的。其間的微言大義不是一句如詩的短語所能完全掌握的。這是我喜愛獨立宣言的原因之一，這份文獻闡明了我們想做的事情……甚至在我們動手做之前。在揭櫫「人人生而平等」的理想狀態之後，逐條臚列了他們對喬治王的不滿。美國的開國先賢下筆時，先說我們在捍衛什麼，才說我們在反對什麼。

社交媒體可以號召眾人。它可以讓人採取行動，打破、改變事物，讓它甚至變得更好，但它不會、也不能讓人努力打拚。而要有所建樹，一定要努力打拚不可。

我們常常反對某件事，因為這麼做很容易。因為讓人害怕的事物、讓他們不舒服或是覺得不公平的事物，感受通常很真實，所以要煽動別人的恐懼，不適或不公的感覺並不難。

　　支持某件事，往往是抽象的。夢想家心裡或許想得清楚，但是對我們來說，卻可能覺得遙遠、模糊或絕無完成的可能。夢想家有責任，具體勾勒抽象的未來，那我們才有攮臂群聚的依據。

第 16 頁　｜　願景就像是夢——要是我們不拿出實際的行動，它就會消失。
大張旗鼓，或是做點小改變都好。不要再想了，大膽試一試吧。

> (A vision is like a dream—it will disappear unless we do something with it. Do something big or do something small. But stop wondering and go on an adventure.)

我喜歡這張圖。我把它印出來，掛在牆上。它提醒了我，當生活中出現障礙，樂趣是找出跨越的方法，而不是只想著路上有什麼。我們可以想像，牆外有什麼，或是站在那裡盯著牆看。全看我們怎麼選擇。

第 19 頁　｜　這個想法太讚了！不要再光說不練，去做吧。

> (That idea is so fantastic. Stop talking about it and do it.)

沒錯。

第29頁　｜　當我們追逐夢想，而不是爭權奪利的時候，我們的成就會更高。

（ We achieve more when we chase the dream instead of the competition. ）

　　內部爭權奪利的公司，懷抱目標和動機的公司，兩者是不同的。在公司裡鬥來鬥去，是自己打自己。懷抱目標的人是一起奮鬥。

　　同樣的道理，有些公司只想到如何打敗競爭對手，有些公司總是在思考願景（順帶一提：「當第一名」不叫願景）。只想打敗競爭對手的公司總是在跟著對手起舞，或是試圖超越對手。在思考願景的公司則總是設法超越自己。

　　這些公司也明白，他們有時領先，有時落後。他們不太在意一時的起伏，關注的是長期的發展。其間的差別在於，一個是試圖打贏每一場戰役，一個是打贏戰爭……，戰爭什麼時候打完，沒人知道。這就是為什麼有遠見的公司最後會超越競爭的層次。

第 35 頁 ｜ 找到願景

(Find a Vision)

我們說得很清楚，這段文字的標題是「找到」願景，而不是「擁有」願景。不知什麼緣故，出現了一個規定，我們都得「有」個願景。有些願景遠大、無畏、想要像賈伯斯一樣改變世界。這不僅不切實際，對於大部分不是賈伯斯的我們來說，還給人很大的壓力。

每個人都應該找到願景，這個說法聽起來舒服多了。

遠方當然有不同的視野——有些人對未來的感受不同，也有能力把它表達出來。如果我們喜歡他們的願景，我們也可以追隨他們或他們的願景。把他們的願景當成我們的願景，我們可以用它來指引我們做決定。

我們對某個願景有共鳴，進而當成自己的願景而追隨它，這是很振奮人心的。馬丁・路德・金恩、甘地、傑佛遜、理查・布蘭森、華倫・巴菲特和伊隆・馬斯克都說出了他們的願景，做出能激勵他人跟隨的事情。有些追隨者帶來自己做的東西；有些追隨者加入了他們的組織；有些追隨者受這些領袖所感召，出力協助，成全願景。不管是哪種狀況，這些追隨者都找到了願景，選擇追隨它。他們不需要自己去生個願景出來。

這是最棒的地方——讓願景實現的是追隨者，而不是眼界。眼界需要追隨者，就像追隨者需要願景一樣。

那麼⋯⋯誰啟發了你呢？

第 37 頁 ｜ 當我們大聲說出不懂的地方，別人幫助我們的機會也就增加了。

（When we say out loud what we don't know, it increases the likelihood that someone who does know will offer help.）

我這輩子學到最有力量的一課就是，我不需要知道所有的答案。當我不知道的時候，我不需要假裝我懂。

在我的職業生涯中，有一段時間我以為自己什麼事都必須知道答案，因為我在開公司、經營企業。

問題是，這根本是個謊言。沒有人知道所有的答案，也沒有人把所有的事情都弄清楚。我得走辛苦路，才學到這一課。

等到我鼓起勇氣，大聲說出我不知道或是我不懂，或是開口求援、接受協助時，我的職業生涯完全不同了。結果總是有人想要出手幫我……他們只是不知道我需要幫助而已。真有趣。

第38頁 ｜ 真正的創新者，是那些夢想比現實更鮮明的人；即使現實告訴他們這太瘋狂了。

(Innovators are the ones whose dreams are clearer than the reality that tells them they're crazy.)

中文翻譯就這樣了，但是英文是一個完整句子。如果有誰知道如何斷句，讓這句話的英文更容易了解的話，可以讓作者知道。

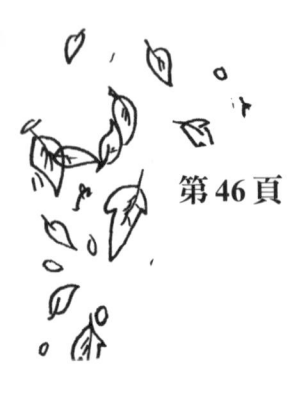

第 46 頁 | 如果我們接受不了別的想法,那我們聽到的就是批評。如果我們虛心接受批評,我們得到的就是建議。

(When we are closed to ideas, what we hear is criticism. When we are open to criticism, what we get is advice.)

我們常給別人善意的建議,但對方當這是批評。我們會想替自己的建議辯解,更糟的是,我們自己陷入爭論。

如果別人把我們的建議當成批評,這可能是因為我們說話的方式。也可能我們踩到痛處⋯⋯也可能是對方覺得不確定或不安的地方⋯⋯也可能他們試著解決這個問題很多次了,這是他們防衛心這麼強的原因。如果這種狀況發生的話,倒是展現同理心的好機會,試著了解他們是針對什麼在發作。只有在這樣的狀況下,我們說的話才會是建議。

第 72 頁 ｜ 興奮來自於成就。成就感來自於帶你達到目標的過程。

(Excitement comes from the achievement. Fulfillment comes from the journey that got you there.)

得獎讓人興奮。但是真正的滿足來自於事後回顧，看到所有為你扎根、協助你、把自己的聲譽押在你身上。所有對你有信心的人。

說來諷刺；我們以為某個事物處於決定性時刻，但如果向前展望的話，卻很少是如此。當我們回顧自己的成就時，那些決定性時刻卻往往是那導致日後成就的經驗。這是學到的寶貴教訓。

這點值得再說一次——在工作上獲勝、達成目標、獲得升遷，這讓人興奮。這是多巴胺的釋放。但是滿足——那種真正、持續不退的喜悅——則來自我們在一路上克服每一個障礙之後所建立的關係，還有我們一起獲勝時所共享的感覺。

第 79 頁 ｜ 生命的價值不是由我們為自己做了什麼而決定。生命的價值取決於我們為別人做了什麼。

(The value of our lives is not determined by what we do for ourselves. The value of our lives is determined by what we do for others.)

我們要如何讓別人評判我們留下的遺產？是在我們死掉那天有多少銀行存款？還是我們回覆了多少封電子郵件？是我們上了幾次健身房？還是從我們養大的小孩，或是我們帶過的人的個性來衡量？或者是我們對周遭人的生活產生了什麼影響？

讓我們為自己想要留下的遺產而活吧。

第 80 頁 ｜ 機會不是去為自己找到一家完美的公司。機會在於為彼此打造一家完美的公司。

(The opportunity is not to discover the perfect company for ourselves. The opportunity is to build the perfect company for each other.)

　　書店裡有一區賣的都是「自助」類書籍，卻沒有一區賣「幫助別人」的書。諷刺的是，成功和快樂其實是來自我們提供給別人的幫助。這不是「我要如何減重五公斤？」而是「我要如何幫助朋友覺得健康而強壯？」；這不是「我要如何找到理想工作？」而是「我要如何幫我在意的人找到他要做的事？」。

　　為別人服務──而不是自私的追尋──幫助了我們以更有效的方式，解決了生活中碰到的同樣問題。不僅如此，它更把短期、自私的目標變成更宏大、更持久也更崇高的目標。

如果我們去上班，但並不喜歡自己的工作的話，辭職並不是唯一的選擇。我們可以投入其中，讓同事喜歡來上班。我們的工作變成幫助他們找到自己的志趣。這種助人之舉不僅改變了跟我們共事的人對工作的看法，也會改變我們自己對工作的看法。

這種助人之舉稱為領導。

第86頁 │ 在走向長期成功的道路上，奮鬥是我們必須採取的短期步驟。

(Our struggles are the short-term steps we must take on our way to long-term success.)

相傳古時候有個塞翁，他的馬跑到山林裡。鄰居見他遭逢不幸，便來安慰。塞翁說，「焉知好運，焉知厄運？」過沒多久，他的馬跑回來，還帶了一群馬。鄰居為此好運前來道賀，塞翁說：「焉知好運，焉知厄運？」

塞翁的兒子馴馬時不慎跌落，摔斷了腿。鄰居前來安慰，表達同情，塞翁說：「焉知好運，焉知厄運？」兒子在養傷時，軍隊來此，徵召村裡每個四肢健全的年輕人入伍。塞翁的兒子逃過一劫，鄰居又前來道賀。塞翁說：「焉知好運，焉知厄運？」

人生不只是一個場景而已。它是一部非播不可的電影——我們唯一的挑戰（或機會）就是，我們不知道接下來會發生什麼。

第 89 頁 ｜ 領導是一種教育。最好的領導者把自己當成學生，而不是老師。

（Leadership is an education. And the best leaders think of themselves as the students, not the teachers.）

如果你有新的想法或是新觀點可提出，但你卻不斷聽到有人說：「這件事我做得比你還久——我在幹什麼，我自己清楚。」這時候，走為上策！

第95頁　｜　有勇氣承認軟弱，才是真正的強者。

（True strength is the courage to admit weakness.）

示弱並不意味著我們要哭哭啼啼，或是任人欺凌。示弱是承認有些事情是我們不知道的，或是承認我們會犯錯。這是在求助。表達了這一點，讓我們容易受傷，因為這讓我們容易受到批評、羞辱或攻擊。如果我們在強勢文化中工作，置身其中，讓我們感到安全，那麼示弱則是最有力的感受。我們從身邊的人感受到愛和支持。我們放開心胸去學習、去成長。我們坦然承認，結果邀請了別人來幫我們……我們成功的機會也因而增加。

這是最棒的地方。我們敢於率先示弱，鼓勵了別人也冒同樣的風險。當他們這麼做的時候，團隊也會集結起來支持他們……整個組織也會蓬勃發展。

這就是諷刺的地方了。說謊、隱藏、假裝，可能會讓我們看起來很厲害，但最後組織文化將會受害。示弱的勇氣其實會讓整個組織、整個團隊變得更強、表現更好。

第103頁 │ 如果我們凡事都下指令，只會造就出聽命行事的人。要是我們信任對方會把工作做好，就能培養出領導者。

(When we tell people to do their jobs, we get workers. When we trust people to get the job done, we get leaders.)

要成為領導者，必須要經過一番轉折。有些人轉得快，有些人轉得慢。有些人則是一輩子都轉不過來。

當我們還是菜鳥的時候，我們唯一該做的事就是把分內工作做好。我們還是菜鳥的時候，公司會給我們很多訓練——如何使用軟體、如何銷售、如何做簡報——這樣我們就能把自己的工作做好。有些人還去念了學位，可以把工作做得更好——像是會計或工程師。如果我們的工作表現不錯的話，公司會讓我們擔任更高的職位。如果我們真的幹得不錯，我們會負責去帶新人，做我們之前做過的工作。但是很少有公司會教我們如何帶人，很少有公司會教我們如何領導。這就像把一個人放到機器裡，要他做

出成果,但又不讓他知道機器如何運作。

　　這是為什麼公司裡有管理者,卻不是領導者。因為這些受到提拔的人很知道如何把工作做得比我們好⋯⋯這是他們獲得升遷的首要原因。當然,他們會告訴我們事情「應該」怎麼做。他們管理我們,因為沒人教他們如何領導。

　　當我們升到領導的地位時,這是最難學的一門功課──我們不再只為自己的工作負責,我們現在要為做這個工作的人負責。世界上沒有一個執行長在為顧客負責。執行長的責任在於讓手下為顧客負責。把這件事做對,從員工到客戶,每個人都是贏家。

　　領導是件苦差事。不僅工作辛苦──學著放手也很辛苦。帶人、教人、相信人和信任人都很不容易。領導是人類的活動。而且,領導跟工作不同,他不是只處理上班時發生的事而已。

第108頁 ｜ 理智可以被說服，但是人心必須努力去贏得。

(The mind can be convinced but the heart must be won.)

我的編輯艾瑞克很喜歡這句話。他認為這句話貫穿了我所有的書、以及我所有的作為。

我想我贏得他的心了。

第113頁 ｜ 領導者必須先受到眾人啟發，然後才可以激勵眾人。

(A leader must be inspired by the people before a leader can inspire the people.)

當領導者就像當父母。每個人都有當父母的能力，但不是每個人都想當父母或應該當父母。同樣的道理，每個人都有當領導者的能力，但不是每個人都想當領導者或應該當領導者。

當父母的喜悅並非來自於父母要做的事，而是來自看到孩子做了讓我們高興的事。當看到五歲的孩子在跟四歲的弟妹分享；當我們參加學校的戲劇表演或畢業典禮；當他們說出好笑的話或是交了第一個男朋友或女朋友。

　　領導也是如此。領導的喜悅來自看到團隊的成員完成了超過自身能耐的任務，來自當我們看到團隊齊心協力，解決看似不可能的問題；來自當團隊凝聚牢固的互信，盡力幫助彼此的時候。

　　我們受到別人過人之處的啟發越多，我們就越能激勵他們。

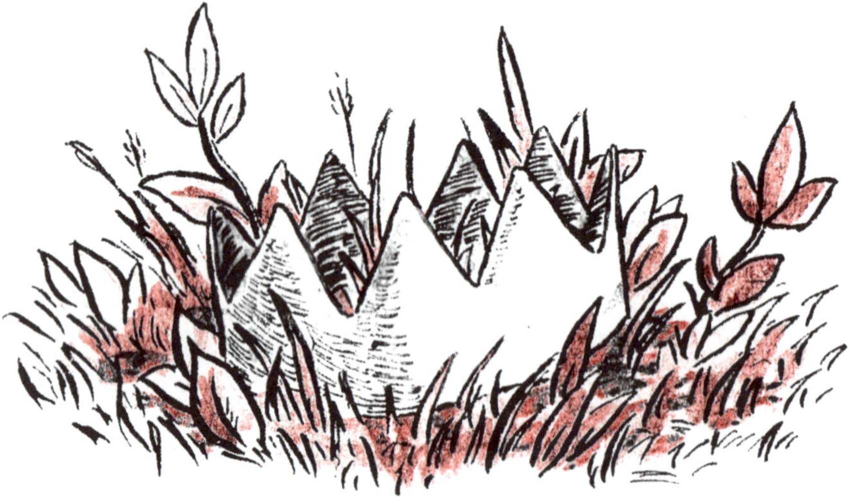

如果想法只是個想法,那有什麼好處呢?
嘗試。試驗。反覆。失敗。再試一次。
改變世界。

What good is an idea if it remains an idea?
Try. Experiment. Iterate. Fail. Try again.
Change the world.

如果這本書激勵了你，
請傳給下一個你想激勵的人。

If this book inspired you,
please pass it on to someone you want to inspire.

143

在一起，更好（全新祝福版）
TOGETHER IS BETTER：A Little Book of Inspiration

作者─────賽門・西奈克（Simon Sinek）
繪者─────伊森・阿爾德里奇（Ethan M. Aldridge）
譯者─────吳家恆
副總編輯───簡伊玲
特約主編───金文蕙
美術設計───王瓊瑤
企劃主任───林芳如

發行人────王榮文
出版發行───遠流出版事業股份有限公司
地址─────104005 台北市中山北路一段 11 號 13 樓
客服電話───（02）2571-0297
傳真─────（02）2571-0197
郵撥─────0189456-1
著作權顧問──蕭雄淋律師
ISBN─────978-626-418-287-4

2017 年 3 月 1 日初版
2025 年 8 月 1 日三版一刷
2025 年 9 月 15 日三版二刷
定價─────新台幣 380 元
（缺頁或破損的書，請寄回更換）

有著作權・侵害必究 Printed in Taiwan

國家圖書館出版品預行編目（CIP）資料

在一起,更好 / 賽門．西奈克 (Simon Sinek) 著
吳家恆 譯. -- 三版 . -- 臺北市：遠流出版事業
股份有限公司 , 2025.08
　　面；　公分　　中英對照
譯自：Together is better
ISBN 978-626-418-287-4（平裝）

1.CST: 組織行為 2.CST: 組織變遷 3.CST: 企業
領導

494.2   114008922

TOGETHER IS BETTER by Simon Sinek.
Copyright © 2016 by Sinek Partners, LLC.
Illustrations by Ethan M. Aldridge.
Lines from Together Is Better, written by Dela Fumador and
arranged by Aloe Blacc © Aloe Blacc Publishing, Inc..
Creative direction by Christopher Sergio.
Book design of US edition by Daniel Lagin.
This edition published by arrangement with Portfolio, an
imprint of Penguin Publishing Group, a division of Penguin
Random House LLC.
through Andrew Nurnberg Associates International Limited.

遠流博識網　http://www.ylib.com
E-mail: ylib@ylib.com
遠流粉絲團　https://www.facebook.com/ylibfans